수수하지만 위대한
흙 이야기

Original Japanese title: TSUCHI CHIKKYŪ SAIGO NO NAZO—100OKUNIN WO YASHINAU
DOJŌ WO MOTOMETE

Copyright © Kazumichi Fujii 2018

Original Japanese edition published by Kobunsha Co., Ltd.
Korean translation rights arranged with Kobunsha Co., Ltd.
through The English Agency (Japan) Ltd. and Duran Kim Agency

수수하지만 위대한 흙 이야기

발밑의 우주
흙의 신비를 풀다

후지이 가즈미치 지음 | 홍주영 옮김

끄^{Clema}
클레마

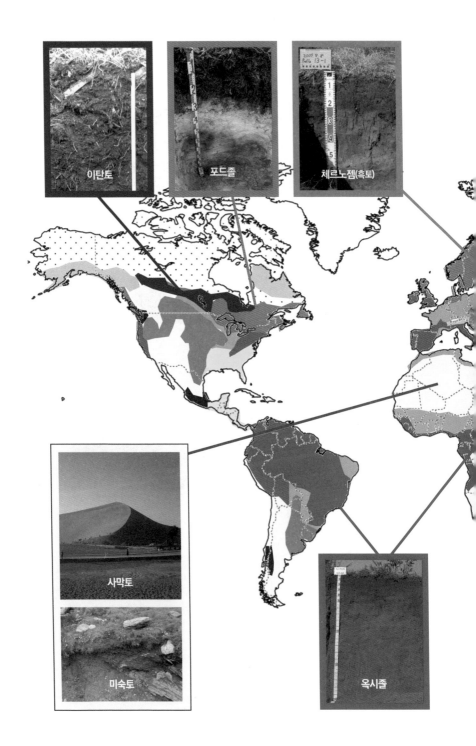

이탄토

포드졸

체르노젬(흑토)

사막토

미숙토

옥시졸

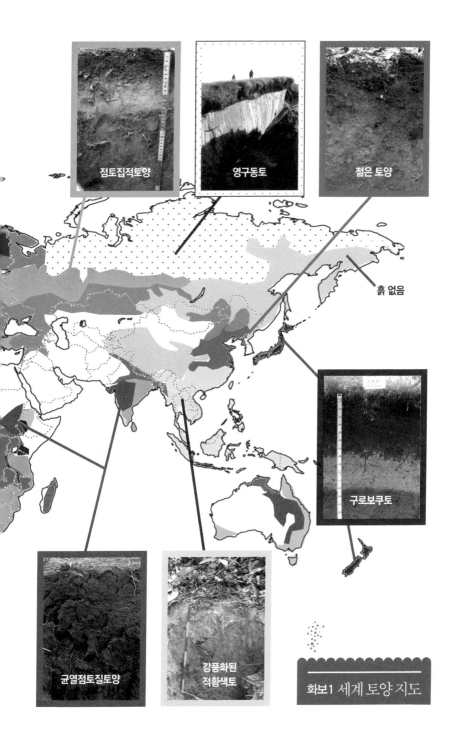

점토집적토양

영구동토

젊은 토양

흙 없음

구로보쿠토

균열점토질토양

강풍화된
적황색토

화보1 세계 토양 지도

| 머리말 |

내가 이 책을 쓰게 된 계기는 약간의 질투와 피해망상에서 비롯되었다. 항간에 NASA(미 항공우주국)가 화성 토양을 재현한 '흙(土)'을 만들고 채소를 재배하여 수확하는 실험에 성공했다는 소식이 화제를 불러일으켰다.[1][2] 지구가 못 쓰게 되면 화성에서 살 수 있으리라고 상상하니 우주비행사라는 일은 참으로 근사하다. 우주는 꿈과 낭만과 희망이 가득하다. 여기에 감히 '지구의 흙도 노력하고 있다'라고 맞서려는 게 이 책의 목적이다.

큰소리를 쳐놓고 말하기는 뭣하지만, 흙은 수수하다. 흙 연구자에 대한 대접도 우주비행사와는 우주와 땅 차이다. 공항에서 흙과 조그마한 삽을 갖고 비행기에 타려다가 거절당해 어깨를 축 늘어뜨린 사람을 본 적이 있는가? 또 일(업무)로써 흙을 파고 있는데도 누군가가 신고해 직업 등 여러 질문을 받기도 한다. 하지만 나는 양심에 전혀 거리낌이 없이 흙 파는 것을 업으로 삼고 있다.

독자 여러분은 뭐가 그렇게 좋아서 흙 나부랭이나 파느냐고 궁금해할지도 모르겠다. 집을 짓거나 길을 닦기 위해서도 아니고 도쿠가와 이에야스가 묻어놓았다는 황금을 찾아내려는 것도 아니다. 오직 100억 명을 부양할 비옥한 흙을 찾기 위해서다. 나는 오로지 우리 식탁을 매일 지탱해주는 지구의 흙을 연구하고 있다.

인구 폭발, 식량 위기, 환경 파괴, 사막화, 토양 오염…… TV 다큐멘터리나 학교 수업에서는 지구를 외면하고 싶어지는 말들이 줄을 잇는다. 그러나 이 단어들은 전문가들이 위기감을 부추기는 상투적인 문구이자 학생들에게는 시험 답안지에 써넣으면 그뿐인 시험에 자주 나오는 용어가 되었다. 논에 둘러싸여 자란 소년(나)에게도 예외는 아니었다.

70억 명을 돌파한 세계 인구는 머잖아 30억 명이 늘어나 21세기에 100억 명에 이를 것이라고 한다. 1인당 농지 면적은 $10m \times 10m$ 밖에 안 되는데(정확하게는 $14m \times 14m$라고 나중에 알았다), 사막화로 인해 흙이 더욱더 적어지고 있다. 먹보의 직감에 불과하지만, 몹시 좁다. 정말 그렇다면 큰일이다. 100억 명이, 무엇보다 나 자신이 배불리 먹으려면 어떻게 하면 좋을까? 100억 명 분의 비옥한 흙을 찾아내는 수밖에 없다.

농가의 장남으로서 토마토 하나 제대로 키울 줄 모르지만 자급률 40% 정도인 극동 섬나라의 시골 소년이 세계의 식량을 걱정하다니

냉정하게 따져보면 우스운 이야기다. 졸업문집에 이집트 고고학자가 될 것이라고 적은 장래희망은 제쳐두고, 결국 나는 흙을 연구하자고 맹세했다. '삽으로 흙을 파는 것'까지는 같은 일이다.

나는 시골에서 자랐으니 '지리(地利)'에 밝다고 믿었다.

어린 시절 집 앞의 밭과 뜰에서 장난감 차를 타고 놀다가 벌레를 발견하면 내가 소중하게 여기던 의자 밑 공간에 모아두곤 했다. 어느 날, 어머니가 의자 뚜껑을 열어보고는 기겁했다고 한다. 개구쟁이 소년의 보물상자에는 수십 마리의 지렁이가 반짝이며 꿈틀거리고 있었다. 지금 어머니의 꾸중은 까맣게 잊었지만, 흙 속의 지렁이를 파내느라 새까매진 손은 생생하게 기억한다.

그러나 후지이 소년의 자신감은 쉽게 흔들렸다. 어느 날 학교 미술 시간에 흙을 온통 검정으로 칠했더니 "흙은 짙은 갈색이죠" 하는 선생님과 부딪혔다. "회색이야" 하고 끼어드는 친구도 있었다. 이렇게 교육 현장에 혼란을 초래하고 말았다. 놀랍게도 아프리카 어린이들은 흙을 붉게 칠하고 스웨덴 아이들은 하얗게 칠한다고 한다. 전위 화가도 아니고 색채감각이 인종에 따라 다른 것도 아닐 텐데 말이다. 흙은 상상 이상으로 다채롭다. 잘 안다고 생각했던 흙은 지극히 일부에 불과했다. 거칠게 나누어도 세계에는 12종류나 되는 토양이 있다는 사실을, 나도 흙을 연구하고 나서 알게 되었다.

그리고 보니 흙에 관해 학교에서 배운 적이 없다. 복잡한 흙에 관해서는 다루지 말라고 초등학교 학습지도요령에 못 박히기도 한

다.[3] 그러면서도 뉴스에서는 '토양 오염으로 몇 백 억 엔의 투입이 필요하다'라거나 식자재 산지를 탐방하는 요리 프로그램에서는 '이 흙이 좋다'라는 말이 나온다. 흙투성이가 된 아이에게 '흙에는 세균이 가득하다'라고 타이르는 부모가 있는가 하면 평론가들의 입에서는 '범죄를 일으키는 토양' 운운하며 그들이 본 적도 없는 흙까지 거론하는 형국이다. 흙에 관한 지식이 뒤섞이고 있다. 연구자들조차 토양은 '최후의 개척지(final frontier)', 즉 지구 최후의 수수께끼라고 말한다.[4] 모르는 게 태산이다.

본디 흙이란 무엇인가? 지구의 흙은 그리고 일본의 흙은 어떻게 해서 우리 식탁을 받쳐주고 있을까? 100억 명은 생존이 가능할까? 여러 가지 흙을 기본부터 이해하고 비옥한 흙을 찾아내는 수밖에 없다. 그 결의 끝에 탐험가를 자처한 나에게 매일매일을 바치는 시간이 기다리고 있으리라고는 예견하지 못했다.

독자 여러분은 손을 더럽히지 않아도 된다. 흙이 없는 도시의 포장도로를 살짝 벗어나 흙투성이 샛길로 나가보자. 분명 발밑에 펼쳐지는 소우주의 매력을 재발견하게 될 것이다.

차례

머리말 6

1장

달의 모래, 화성의 흙, 지구의 토양

2장
12종류의 흙을 찾아라!

3장

지구 흙의 가능성

4장
우리 주변의 흙과 숙제

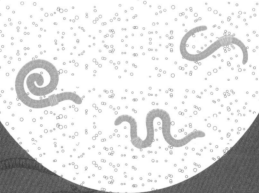

1장

달의 모래, 화성의 흙, 지구의 토양

비옥한 흙은 지구에만 있다

세계 인구가 지구의 수용 능력을 벗어난다면 달이나 화성에 이주할 수 있을까? SF소설 속 이야기가 아니다. NASA 연구자들이 이에 대해 진지하게 연구하는 중이다. 이 '행성 지구화 계획'을 테라포밍(Terraforming)이라고 한다. 테라(terra)의 어원은 흙이다.

NASA가 감수한 SF영화 〈마션〉에서는 화성에 홀로 남겨진 우주비행사가 화성 모래와 동결건조한 분변을 섞어서 '흙'을 만들어낸 다음, 거기에 감자를 재배한다. 일부러 그렇게 품이 많이 드는 일을 하는 이유는 화성에는 원래 식물을 재배할 수 있는 흙이 없기 때문이다(그림1). NASA의 활동을 부정할 용기는 없으나 흙은 지구에만 존재하고 달이나 화성에는 없다. 100억 명을 부양할 수 있는 것은 오직 지구의 흙이다.

지구의 흙도 잘 모르는데 달과 화성의 '흙'까지 거론되니 머리가

그림1 바이킹호가 보내온 화성 표면 사진. 문어를 닮은 화성인은 실재하지 않는다(좌). NASA 제공
그림2 아폴로11호 우주비행사가 달 표면에 새긴 첫 발걸음(우). Lunar and Planetary Institute 제공

혼란스러울지도 모르겠다. 먼저, 흙이란 무엇인가라는 근원적인 물음을 정리하기 위해 지구와 달과 화성의 흙을 비교해보자.

 '흙은 지구에만 있다'라는 사실은 공부를 막 시작했을 무렵 내게도 의외였다. 1969년 달 표면에 착륙한 아폴로 11호의 닐 암스트롱은 선명한 발자국을 지면에 새겼다(그림2). 달 표면은 바위인 줄 알았다가 "아니! 아주, 입자가 아주 곱다. 가루 같다!" 하며 놀라워한 암스트롱의 목소리가 녹음되어 있다. 달에는 지금 막 내린 화산재 같은 먼지가 수 센티미터 두께로 쌓여 있었다. '인류에게 큰 도약'이 된 암스트롱의 한 걸음을 받아들인 부드러운 지면, 그것은 흙이 아닐까?

 일반적인 상식으로 이것도 흙이라고 여길지 모른다. 그러나 전문가 집단인 학회가 정의하는 '토양'이란 '바위의 분해물과 죽은 동식

그림3 현무암

물이 섞여 있는 것'을 가리킨다. 이런 의미에서 보면 동식물의 존재가 확인 불가능한 달과 화성에는 토양이 없다. 있는 것이라고는 바위와 모래뿐이다. 이 생명 없는 '흙'의 재료를 '레골리스(Regolith)'라고 하며 흙과는 구별된다(참고로 이 책에서는 흙과 토양을 구별하지 않고 썼다).

흙과 달 모래의 경계선이 시원하게 설명된 듯하지만, 독자들 가운데는 '짜고 치는 고스톱' 같다고 느끼는 사람도 있을 것이다. 학회의 정의 방법에 따라서는 전부 흙이라고 불러도 좋다는 이야기가 된다. 그러면 왜 달 모래는 흙이 아닐까? 흙과 레골리스를 가르는 본질적인 차이는 무엇일까? 이것을 알기 위해 먼저 달로 가보자.

달에는 점토가 없다

달과 지구는 재료가 거의 같다. 운석의 충돌로 인해 하나의 행성이 분열되었을 뿐이기 때문이다(거대충돌 가설). 토끼가 떡방아를 찧

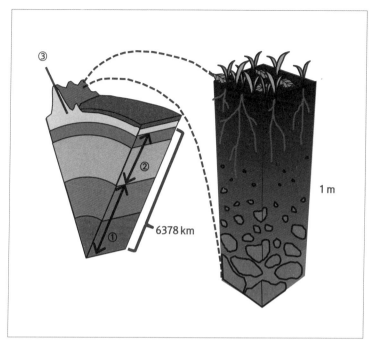

그림4 지구의 구조(① 핵 ② 맨틀 ③ 지각. 지각 표면을 물과 흙이 덮고 있다.)

고 있는 것처럼 보이는 달 표면의 어두운 부분(달 바다)은 철을 많이 함유한 **현무암**이다(그림3). 이는 지구에도 흔히 있는 바위다. 지구 깊은 곳(그림4의 ② 맨틀)에는 철을 많이 함유한 마그마가 있고, 마그마가 분출한 지역에는 현무암이 분포한다. 데칸고원(인도)이 그 예이다. 달에서도 그와 같이 현무암이 생성되었고 그 위에 어두운 색의 퍼석퍼석한 먼지가 쌓여 있다.

한편 달 토끼를 에워싸는 밝은 부분(달의 고지대)은 규소(Si, 유리, 실

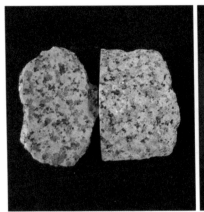

그림5 지구의 화강암(왼쪽)과 달의 사장암(오른쪽. 미국 자연박물관 소장)

리콘 등의 재료)와 알루미늄(Al. 알루미늄 휠 재료)을 많이 함유한 사장암
(장석長石의 일종)이다(그림5). 이 부분이 허옇게 보이기 때문에 달 표
면에 토끼 모습이 떠 있는 것처럼 보인다.

　달의 지표 가까이에 규소나 알루미늄이 많은 점은 지구도 같지
만, 물을 가득 담고 있는 지구에서는 물에 의해 마그마가 식어서 **화
강암**이 생성된다(그림5). 화강암은 성의 돌담이나 묘비에 쓰이는 돌
로 친숙한데, 원래 우리가 딛고 있는 대륙 플레이트 자체가 화강암
으로 이루어져 있다. 화강암에서 만들어진 흙은 마사토로, 흔히 원
예용품에 쓰인다. 달의 사장암도 화강암처럼 하얘서 달 고지대에는
밀가루처럼 희고 고운 모래가 퇴적해 있다.

　사장암이든 현무암이든 달 모래의 재료는 지구의 암석과 거의 같

그림6 철이 많은 푸른색 바위(사문암)가 풍화하면 붉은 산화철 점토가 생성된다.

은 성분을 함유하고 있다. 그러나 이후의 운명은 달랐다. 인력이 작은 달에는 물과 대기가 없고 생물도 존재하지 않는다. 반면 지구에는 물과 대기가 풍부하고 다양한 생물이 진화했다.

지구의 암석은 물과 산소, 그리고 생물의 작용으로 분해된다. 이를 풍화라고 한다. 예를 들어 푸른색의 철(Fe^{2+}, 환원상태의 철)을 함유한 바위가 물에 녹으면 산소에 의해 산화되어 붉은색이나 갈색의 산화철(Fe_2O_3)로 변한다(그림6). 이렇게 해서 **점토** 하나가 생겨나 흙의 일부가 된다. 우리가 기억이나 사랑이 '풍화'한다고 비유하듯이 풍화 = 쇠퇴·소실로 간주하기 쉽지만, 풍화는 단순히 바위를 분해하는 것만이 아니라 그로부터 흙을 만들어내는 현상을 포함한다.

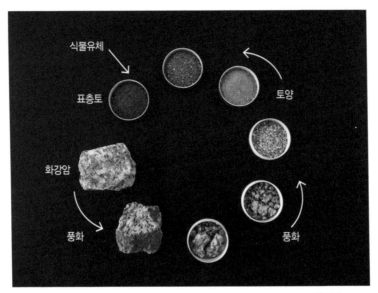

그림7 화강암이 풍화해서 흙이 되기까지. 흙은 수억 년에 걸쳐서 다시 암석(퇴적암이나 마그마)이 된다.

철이 적은 화강암이 풍화하면 서서히 잘게 부서져서 모래, 그리고 흙이 된다. 바위에서 녹아 나온 규소와 알루미늄이온이 농축하면 흙 속에서 새로운 광물이 생성된다. 이것도 점토다. 바위가 풍화하면 모래뿐 아니라 점토로 형태를 바꾸는 것이다(그림7). 이온으로부터 광물이 생성되는 현상(적출)은 상상하기 어려울지도 모른다. 그러나 우리 혈액 속의 칼슘이나 인(유전자와 피부를 만드는 비료 요소의 하나)이 뼈나 치아라는 형태의 광물(아파타이트)로 결정화하는 것도 비슷한 예다. 점토는 물의 행성이 흘린 '피와 땀'의 결정이다.

점토는 지름 2마이크로미터(μm) 이하의 미립자로 정의된다. 지름

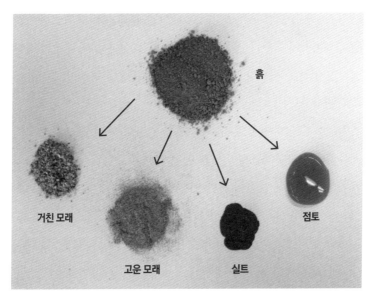

그림8 흙은 모래(0.02mm~2mm), 실트(2μm~0.02mm), 점토(<2μm)로 구성된다.

2mm인 모래알의 1,000분의 1보다 작다. 바위나 모래를 망치로 두드리거나 절구로 박박 갈아 으깬 정도로는 점토가 되지 않는다. 바위가 일단 물에 녹은 다음 다시 결정으로 변한 것을 점토광물이라고 한다. 점토는 물속에 흩어지면 된장국이 되었나 싶을 정도로 입자가 곱다(그림8). 이 점토의 작용으로 흙은 점성을 지니는데, 흙의 점성은 지구의 기적이다.

그럼 암스트롱이 '입자가 아주 곱다'라고 했던 달의 흙 입자는 어떨까?

사실 달에서도 바위는 풍화한다. 바위에 함유된 광물 입자는 태양 빛(열)을 받으면 따뜻해지므로 낮에는 팽창한다. 거꾸로 밤에는 열이 식어서 수축한다. 팽창과 수축을 반복하는 사이에 광물의 결정 입자인 암석은 서서히 물러진다(그림7). 이것을 기계적 풍화작용이라고 한다.

학원물 드라마에 비유하자면, 열혈 교사와 개성 강한 학생들이 체육행사나 문화제를 준비하는 동안 열의에 온도차가 생겨 결속에 금이 가고 때로는 뿔뿔이 흩어진다. 학원 드라마에서는 다시 새로운 모습으로 단결하지만, 달에서는 흩어진 그대로다.

예를 들어 화강암은 석영(백색), 장석(분홍색), 운모(검은색) 등 성격이 다른 광물 입자로 이루어져 있다. 운모는 열에 의해 쉽게 팽창·수축하지만, 석영은 꿋꿋하게 버티며 변화하지 않는다. 이 결과, 암석은 뿔뿔이 분해되어 석영이나 운모 같은 광물 입자가 퇴적한다. 수억 년에 걸쳐서 천천히 풍화하며 쌓인 먼지가 아폴로11호의 도착을 기다리고 있었다.

그러나 암스트롱이 가루라고 형용한 달 모래 입자의 지름은 100마이크로미터로 점토 입자보다 50배 이상 큰 입자였다.[5] 녹말가루나 밀가루 크기(수백 마이크로미터)에 가깝다. 점토가 많은 흙은 촉감이 질척질척하지만, 점토가 적으면 밀가루처럼 퍼석퍼석하다.

물과 산소와 생물의 작용이 없으면 암석은 점토가 되지 않는다. 달에는 점토가 없었다. 점토의 유무가 지구의 토양과 달 모래를 가르는 것이다.

화성에는 부식이 없다

달 모래에는 점토가 없으므로 지구의 토양과 다르다. 그럼 화성은 어떨까?

화성의 지표면은 붉다. 바위 색을 띠는 달 모래와는 어딘가 다르다. 붉은색은 '헤마타이트'라고 하는 철이 녹슨(산화철 광물) 색으로, 어엿한 점토이다(그림1. 17쪽). 피(hem)를 연상시키는 선홍색이다. 헤마타이트는 붉은 벽돌의 재료가 될 뿐 아니라 붉은 우무나 도쿄대학의 아카몬(赤門: 도쿄대학을 상징하는 붉은색 문으로 1827년에 세워졌다_역주)을 칠하는 적색 안료(벵갈라)로 쓰이기도 한다.

현재 화성 표면의 흙은 얼어 있지만(-60℃) 일찍이 존재했던 물과 산소의 작용으로 점토도 존재한다.[6] 모래밭에서 자석을 대면 자석에 달라붙는 모래 철도 있고 그로부터 생겨난 점토(마그헤마이트)도 발견된다.[7] 편도 6개월인 화성 여행을 할 기회가 생긴다면 꼭 U자형 자석을 갖고 가고 싶다. 어쨌든 점토가 존재한다는 점에서는 달 모래보다 지구의 흙에 가깝다.

그런 화성의 흙에도 없는 게 있다. 그것은 바로 흙이 검은색을 띠도록 하는 정체인 **부식(腐植)**이다.

부식은 이름에서 알 수 있듯이 '썩은 식물'에서 일어난다. 낙엽, 마른 풀, 뿌리 등 식물유체에만 한정되지 않고 동물과 미생물의 유체나 분변도 재료가 된다. 다만 예로 든 생물유체 상태만으로는 부식이라고 부르지 않는다. 신선한 생물유체가 형체도 없이 세세하게 분해되면 부엽토가 된다. 부엽토가 더 변질하면 부식이 되고 일부는 점토와 결합한다(그림10). 오래된 것은 수만 년 전, 빙하기 매머드나 일본 조몬시대(기원전 1만 3000년~기원전 300년 정도. 일본의 신석기 시대에 해당_역주)의 숲에서 나오는 탄소 원자까지 흙 속에 남아 있다. 부식은 고도로 발전한 현대 과학기술을 그러모아도 너무나 복잡해서 화학구조조차 부분적으로밖에 알 수 없는 경이로운 물질이다. 흙을

② 부엽토   ③ 부식

① 낙엽층   ④ 점토질

그림9 낙엽 아래에는 부엽토, 부식, 그리고 이들과 점토의 혼합물질로 이어진다.

그림10 신선한 낙엽(①)은 미생물 분해되어 대부분 이산화탄소가 된다. 미생물이 먹고 남은 찌꺼기가 부식(③, ④)이 된다.

공장에서 재현할 수 없는 이유도 이 때문이다.

부식을 만드는 비법은 지금 흙 속에 있는 무수한 미생물만이 알고 있다.

미생물의 교묘한 실력은 더운 여름날에 냉장고의 전원을 뽑으면 실감할 수 있다. 온도가 올라가면 미생물이 건강해진다. 고기에 곰팡이가 피고 음식이 썩는다. 고기에서 냄새만 나는 정도면 아직 시

그림11 흙에 있는 미생물들. 땅속에는 버섯(위 왼쪽)보다 더 많은 곰팡이 균사(위 오른쪽)와 눈에 보이지 않을 정도로 미세한 곰팡이 균사, 작은 박테리아(아래)가 존재한다.[8]

작에 불과하다. 이윽고 이상한 맛이 나며 먹으면 배탈이 나게 된다. 흙 속에서도 이와 비슷한 현상이 늘 전개된다. 조그마한 미생물이 거대한 육상 생태계를 떠받치는 토양을 도맡아 만들어내고 있다.

지구의 토양 속에는 냉장고와는 비교도 안 될 만큼 수많은 미생물이 살고 있다. 한 숟가락(5g)의 토양에는 세균(박테리아)이 50억 개체나 있다고 한다. 여기에는 곰팡이와 버섯(통칭하여 균류)도 동거하고 있는데, 같은 5g의 흙에 10km에 이르는 길이의 균사가 뻗어 있다(그림11). 이를 계측한 연구자에게 저절로 머리가 수그러진다.

불명예스럽게도 '세균'이라고 뭉뚱그려 지칭되곤 하지만 세균과 균류는 낙엽을 분해해서 부식으로 변환시킨다. 물론 미생물 그 자체는 그저 살기 위해 먹이를 먹고, 호흡하고, 먹고 남은 찌꺼기나 배설물, 유해를 남길 뿐이다. 그 결과 생물유체나 배설물에서 영양분(질소, 인 등)이 재활용되어 다시 새로운 생명을 키운다.

그럼 화성은 어떨까?

이곳은 황량한 붉은 암석사막이 펼쳐지고 생물이라 할 만한 것은 보이지 않는다(그림1. 17쪽). 다만 시각적인 관찰은 그릇된 확신이나 선입관을 낳을 우려가 있기에 숫자에 의한 검증도 필요하다. NASA는 화성 탐사선을 보낸 바이킹 계획에서 생물의 존재를 조사하는 무인실험을 했다.[9] 아미노산 탄소 성분을 방사성 동위체 ^{14}C(원자량이 12가 아니라 14인 변형 탄소)로 표식(색 표시)한 것을 화성 흙에 첨가한 다음, 미생물의 대사활동으로 방출되는 이산화탄소($^{14}CO_2$)를 추적했다. 이렇게 하면 화성 대기의 대부분을 차지하는 이산화탄소($^{12}CO_2$)와 구별할 수 있다. 이는 추적자 시험(tracer test)이라는 것으로, 나는 스웨덴 선생님에게 머리를 숙여 제자로 들어가 직접 이 기술을 배웠다. 그런데 화성 탐사기 바이킹호는 이를 자동화해버렸다.

NASA는 놀라운 존재다.

더더욱 놀랍게도 화성 흙에 첨가한 아미노산이 수십 분 후에 이산화탄소로 변했다. 무언가에 의해 분해된 것이다. 생물의 존재를 나타내는 증거라고 지구(NASA)는 떠들썩했다. 하지만 그 해석은 간단치 않았다. 아미노산 분해는 생물이 없어도 일어날 수 있기에 생명의 존재를 나타내는 증거로 볼 수는 없었다. 더구나 화성에서 진화한 미생물이 지구의 미생물과 같은 대사 시스템을 갖는다고 단정할 수도 없다. 이 과제는 추측과 낭만을 남긴 채 다음 세대에 맡겨졌다. 듣기에는 좋으나, 옳게 말하면 실험은 실패했다. 그래도 지구에서처럼 탄소를 많이 함유하는 미생물이나 부식 따위가 발견되지 않았다는 것만은 분명한 사실이다. 역시 화성에 토양은 없다. 100억 명을 먹여 살릴 흙은, 현재, 지구에만 존재한다.

NASA와 나는 연구 대상의 화려함이나 설득력 측면에서 차이가 나는 까닭에 내가 지구의 흙으로 똑같은 실험을 해도 뉴스거리가 되지 않는다. 500년 전, 명화 〈최후의 만찬〉으로 잘 알려진 르네상스의 거장 레오나르도 다빈치도 같은 우려를 지적한 바 있다.

"우리는 발밑에 있는 흙보다 천체의 움직임에 관해 더 잘 알고 있다."

화성으로 눈을 돌리기에 앞서 이 지구의 흙에 100억 명이 생존할 가능성이 있음을 믿고 싶다.

고운 흙과 멋진 지구

화성과 달과 지구 사이를 잠시 오락가락했지만, NASA의 홍보 활동과는 무관하다. 지금까지의 이야기를 정리하면 달에는 점토가 없고, 화성에는 부식이 없다. 이에 반해 점토와 부식이 있는 흙, 그게 바로 지구의 흙이다. 영어로는 흙을 어스(earth=soil)라고 한다. 토양학 전문용어로는 파인 어스(fine earth)라고 하는데 이는 '멋진 지구'가 아니라 '2mm 이하의 고운 흙'을 의미한다. 말장난 같지만, 달과 화성에는 어스(earth)가 없다.

지구에서도 화산이 분화해서 막 형성된 섬(예컨대 니시노시마: 일본의 무인도로, 1973년 해저 화산이 분화되어 새로운 땅이 솟아나 기존의 니시노시마와 합쳐졌다_역주)이나 바위가 튀어 올라온 곳에는 토양이 없다. 혹은 토양의 재료인 화산재와 바위뿐이다. 여기에 식물이 자라나 이윽고 그 유체로부터 생겨난 부식과 화산재나 바위의 풍화로 형성된 점토가 섞여서 토양이 생성된다. 섞는 일은 지렁이와 개미, 노래기, 공벌레의 몫이다.

지렁이는 부식과 점토를 섞어 먹기 때문에 그 똥은 동글동글한 흙덩어리(단립)가 되어 뭉쳐진다(그림12). 지렁이의 장내 점액에는 히알루론산, 콘드로이틴 같은 뮤코다당이 함유되어 있다. 뮤코(muco)는 라틴어로 점액(끈기)을 뜻하고 낫토의 점성, 혹은 나도팽나무버섯처럼 끈적끈적하거나 물고기처럼 미끌미끌한 감촉을 가리

그림12 태국에서 발견한 거대 지렁이가 만드는 커다란 똥 무덤(왼쪽)과 지렁이 똥 덩어리(오른쪽 아래)

킨다. 지렁이의 장내 점액의 끈끈한 점성이 버석버석한 토양입자를 단결시킨다. 이렇게 해서 토양은 단순한 분말 퇴적물이 아니라 무수한 생물이 서식하며 통기성·배수성이 좋은 흙이 된다. 이것이 지구의 흙이다.

사람도 흙도 외견이 80%

식자재 산지를 방문하는 TV 프로그램에서 농부 아저씨가 '이 흙은 좋다'라고 말할 때 거의 예외 없이 흙을 손에 집어 만지작거린다. 물론 그 손으로 순식간에 화학분석을 하는 것은 아니고, 색과 촉감의 차이에 의지해 흙의 비옥한 정도를 판단하는 것이다. 흙의 색과 촉감은 비옥한 흙과 어떤 관련이 있을까?

어린 시절 풍경화를 그릴 때, 나는 배경으로 흙을 칠할 때 주저하지 않고 검은색 그림물감을 골랐다. 일본인이라면 '검은색', '짙은 갈색에서 황토색', '회색'을 주로 떠올릴 것이다. 검은색이라고 답하는 사람은 북쪽 홋카이도에서부터 도호쿠와 간토 지방, 남쪽 규슈에 이르기까지 일본 전역에 있다. 붉은색을 고르는 사람은 오키나와나 오가사와라제도에 많다. 세계로 눈을 돌려보면, 아프리카 중부 어린이들은 붉은색 물감을 집는다. 중국의 황투고원(黃土高原) 아이들은 황색, 스웨덴 아이들은 흰색 물감을 고른다(그림13). 우리의 잠재의식에는 분명 흙의 기억이 존재한다.

색은 흙의 성질을 파악하는 데 중요한 실마리가 된다. 흙의 구성성분 중 **부식은 검은색, 모래는 흰색, 점토는 황색 혹은 붉은색**이다. 흙의 색은 부식, 모래, 점토의 양적 균형, 점토의 종류에 의해 정해진다.

부식이 많은 일본의 화산재 토양은 주로 검은색이다. 부식은 빛을 흡수하는 탄소의 이중결합(주로 방향족 화합물)을 많이 함유하기

그림13 다양한 색을 지닌 흙. 12종류가 있다. 각각의 이름과 특징은 나중에 자세히 소개한다. 균열점토질토양 대신에 일본인에게 친숙한 논토양을 제시했다.

*구로보쿠토(黒墨土)는 일본에 있는 토양으로, 일본 전역의 31% 정도에 분포하고 있다. 화산재 토양과 부엽토로 구성되어 있고 검은 빛을 띠지만 흑토(黒土, Black soil)와는 다르며, 일본 외에서는 거의 볼 수 없는 흙이다. 자세한 설명은 3장 참조_역주

때문이다. 탄소의 이중결합은 분해하려면 많은 에너지가 필요하지만, 맛이 없어서 미생물들이 멀리하기에 토양 속에 남아 있기 쉽다. 일본 고교야구대회인 고시엔에서 뛰는 선수들의 흰 유니폼이 검게 물드는 이유이다. 고시엔 흙은 가고시마현과 돗토리현 오야마의 흑토에 모래를 섞어 만든다.

일본인이 흙색에 대해 다갈색에서 황토색이라고 상상하는 이유는 흙에 부식과 점토가 많기 때문이다. 습기가 많은 일본에서는 붉은색보다 황토색 산화철점토(괴타이트나 페리하이드라이트 같은 산화철 광물)가 많고, 촉감이 질척질척하다. 오키나와, 오가사와라제도, 동남아시아나 아프리카 등 열대·아열대 지역의 흙은 붉은색을 띠는데 화성과 같이 헤마타이트라는 녹이 많이 들어 있기 때문이다. 녹을 프라이팬에 굽거나 건조하면 붉어진다. 일본인은 아프리카 사자를 떠올리면 적토의 대지에서 마른 바람에 갈기를 나부끼는 모습을 상상한다. 사다 마사시(일본 싱어송라이터_역주)의 노래 〈바람에 맞선 사자〉의 영향인지도 모른다.

중국 황투고원이 황색이고 스웨덴의 흙이 흰색인 이유는 부식이나 점토가 적기 때문이다. 특히 철이 적다. 모래 입자가 많을수록 흙은 희게 보인다. 까칠까칠한 감촉이다.

우리가 알고 있는 흙의 색 차이는 그 소재의 차이를 반영한다. 색과 촉감을 근거로 푹신푹신한 검은 흙을 '흙이 좋다'라고 한다거나 새하얀 사막의 흙이나 적토를 보고 '불모' 혹은 '빈영양(貧榮養)'이라고 판단한다. 겉보기의 직관은 80%가 정확하다.

흙의 성질을 결정짓는 것은 부식과 점토의 양, 점토광물의 종류이다. 질척거리는 흙을 '비옥하다'라고 판단하는 근거는 점토와 부식이 충분한 수분(뛰어난 보수력)과 양분을 유지하는 능력을 지녔기 때문이다.

흙에서 어떻게 식물이 자라는 걸까

씨앗을 심고 물과 비료를 주면 식물이 자란다. 이는 가장 기본적인 흙의 기능이지만 실은 점토와 부식의 신비로운 힘을 보여준다.

화분에 물뿌리개로 물을 듬뿍 주면 화분 아래로 물이 새어 나온다. 지구상 만물에 중력이 작용한다는 만유인력의 법칙이다. 물은 낮은 곳으로 흘러간다. 그런데 다행스럽게도 물이 전부 흘러내려 가는 게 아니고 흙을 적셔준다. 빗물도, 물뿌리개의 물도 식물에는 생명수가 된다. 왜 모든 물이 중력에 따라 흘러내려버리지 않을까? 여기에는 점토의 힘이 관여한다.

컵에 물을 부으면 컵 벽면을 따라 수면이 높아진다. 이것은 물의 표면장력이다. 중학교 과학 시험에서 눈금 실린더에 들어 있는 물의 양을 측정할 때, 수면 가운데가 아니라 실린더 벽면의 수위를 기준으로 눈금을 읽으면 틀리는 이유다. 컵 수면에 빨대를 넣으면 가

느다란 빨대 속에서만 수면이 높아지는 것이 관찰된다. 이는 모세관 현상이라는 것으로, 거장 레오나르도 다빈치가 발견한 신비 중 하나다. 빨대의 지름이 작을수록 수면이 높이 올라간다(그림14).

흙 속에는 무수한 입자가 있고 입자와 입자 사이에는 무수한 틈새가 있다. 이것은 아주 가느다란 빨대가 다발로 있는 상태와 비슷하고 흙 입자 틈새에는 중력을 거슬러 물을 유지하는 힘이 생긴다. 깊이 1m의 흙 속에는 대략 2개월분의 빗물(200mm)을 유지할 수 있다. 이것을 흙의 보수력(保水力)이라고 한다. 점토가 많을수록 흙 속에 '아주 가느다란 빨대'가 많아져서 보수력이 높아진다. 거꾸로 모래가 많은 흙은 보수력이 작고 건조하다. 이것이 모래땅이 '불모'라고 평가받는 한 요인이다.

부식은 어떨까? 부식은 상반된 두 얼굴을 지닌다. 물뿌리개로 마른 흙에 물을 주면 물이 좀처럼 침투되지 않는 경우가 있다. 큰 물방울이 스며들지 않고 옆으로 흘러내린 것을 봤을 것이다. 부식에는 물을 튕겨내는 성질이 있다(그림15). 이는 신제품

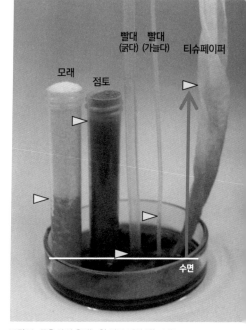

그림14 물을 끌어 올리는 힘 비교. 관이 가늘수록 물을 끌어 올리는 힘이 세다.

우산이나 아기의 피부가 물을 튕겨내는 것과 마찬가지로 발수기능이라고 한다. 건조한 부식도 발수기능이 뛰어나다. 숲의 마른 땅에 소나기가 내리면 빗물이 흙 속으로 제대로 스며들지 않고 사면으로 흘러내려 강으로 흘러든다. 이것이 호우가 쏟아진 후 강물이 급격하게 불어나는 한 요인이다.

　하지만 부식도 일단 젖고 나면 물을 머금는다. 부식은 보수력이 높아서 스펀지처럼 물을 흡수한다. 부식과 점토를 함유한 토양이 일체가 되어 물을 유지하며 식물에, 그리고 하류에 사는 우리에게도 조금씩 물을 공급해준다. 이 때문에 숲의 흙을 '녹색 댐'이라고 부르기도 한다.

점토와 부식이 많은 흙일수록 보수력이 높고 비옥한 흙이 된다.

전기를 띤 점토의 신비한 힘

점토가 많은 흙이 비옥하다고 하는 이유는 보수력 때문만이 아니다. 흙에 뿌린 비료가 빗물에 씻겨 내려가지 않고 식물에 전해지는 이유도 점토가 열쇠를 쥐고 있다.

시험 삼아 파란색 용액을 흙에 부어보자. 그러면 모래뿐인 흙에서는 파란색 물이 그대로 배출되지만, 점토가 많은 흙에서는 색소가 걸러지고 투명한 물이 배출된다(그림16). 이는 점토 입자의 정전기력(靜電氣力)에 의한 것으로, 플러스 전하를 지닌 파란색의 색소이온이 점토 입자가 지닌 마이너스 전하에 끌어 당겨져서 달라붙는다. 이를 흡착이라고 한다. 비슷한 원리가 마실 물을 깨끗이 하는 수도 정수기에 이용되고 있다.

칼슘, 마그네슘, 칼륨 등 식물에 필수적인 영양성분은 물속에서 플러스 전하를 띤 이온이 된다. 점토는 대개 마이너스 전하를 띠고 있어 플러스 전하를 띤 이온을 끌어당긴다. 마찬가지로 식물에 필수적인 인은 물속에서 마이너스 전하를 지닌 인산이온($H_2PO_4^-$)이 된다. 산화철점토나 부식은 플러스·마이너스 전기를 모두 지니므로 인산이온도 흡착할 수 있다. 이것이 점토가 많은 흙이 양분을 많이

그림16 파란 물의 색소(플러스 전하)를 흡착하는 점토(마이너스 전하). 점토가 적은 사질토양(오른쪽)에서는 파란 색소의 물이 그대로 통과하지만, 점토질토양(왼쪽)에서는 파란 색소가 흡착·여과되어 투명한 물이 스며 나온다.

유지할 수 있는 구조이다.

약이 되고 화장품도 되는 점토

점토는 산화철점토만 있는 것이 아니다. 점토는 지구 표층에 많이 있는 규소(유리의 주성분)와 알루미늄 조합의 비율에 따라 버미큘라이트(원예용 토양), 스멕타이트(지사제), 카올린(도기, 분, 습포제), 운모(매니큐어의 펄 색채) 등 다양한 종류로 존재한다(그림17).

점토는 그 종류에 따라 점성도와 전기량이 매우 다르다. 흙에 함유된 점토의 양과 종류에 따라 토양의 성질도 크게 변한다.

조금 어려우니 의인화해서 설명해보자. 혼자라서 외로운 규소는 알루미늄과 짝이 되고 싶어 한다. 이들은 각각 다른 개성(산소이온 $\langle O^{2-} \rangle$과 히드록시 기基$\langle OH^- \rangle$를 동반한 시트 구조)을 지녔지만, 서로 다가가서 무지개떡처럼 겹쳐진다. 이 광물의 표면이 빛을 반사하기 때문에 점토는 겉으로 보기에도 반짝반짝 빛난다.

규소 시트와 알루미늄 시트가 한 장씩 결합한 광물을 '카올린'(고령토_역주)이라고 한다. 경덕진요(景德鎭窯, 징더전요: 중국 장시성 북동부에 있는 중국 최대의 도요지로 각종 도자기를 생산함_역주)나 세토야키(瀬戸焼: 일본 아이치현 세토 지방에서 만드는 도자기_역주) 등의 도자기 재료로 쓰인다.

카올린은 일부일처형(알루미늄 : 규소 = 1 : 1)으로 세계에서 가장 보편적인 점토이다. 둘이 결합해 안정화하면 사교성(반응성)이 떨어진다. 이 성질 때문에 피부를 매끄럽게 하는 분(粉)이나 파운데이션, 습포제 등의 재료로도 이용된다.

규소의 비율이 알루미늄보다 많은 환경에서는 한 장의 알루미늄 시트에 두 장의 규소 시트가 찾아온다. 그 결과 알루미늄 시트에 규소 시트 두 장이 샌드위치 상태로 결합한다. 일부다처형이다. 이를 금지하는 법률이 토양에는 존재하지 않는다. 이렇게 해서 만들어진 점토에는 운모, 버미큘라이트, 스멕타이트가 있다.

'운모'는 화강암에 박혀 있는 검은 알갱이들에서 흔히 볼 수 있는데, 흙 속에서는 풍화해서 더 미세한 점토가 된다. 샌드위치 구조의 표면은 마이너스 전하를 띠고 칼륨(K^+)을 끌어당긴다(그림17). 화장품의 매니큐어 펄의 재료가 되어 여성을 반짝반짝 빛나게 해주고 있다. 사실 빛나는 것은 점토이다. 운모라는 말의 울림이 너무 차분하기 때문인지 성분 표시란에는 대개 영어명으로 '마이카(mica)'라고 기재되어 있다. 운모는 풍화하면 식물의 필수 양분인 칼륨을 방출해준다. 후쿠시마 핵발전소 사고에서 방출된 세슘을 강하게 흡착해서 식물 오염을 경감시켜주는 것도 운모의 역할이다. 운모는 식물과 여성의 편이다.

'버미큘라이트'는 원예용 배양토 속에서 반짝이는 광물이다(그림17). 흙 속에서는 눈에 보이지 않을 정도로 미세하지만 역시 반짝반짝 빛나는 점토입자로 존재한다. 구조는 운모와 똑같고 표면에 띤 마이너스 전하로 칼슘이온 등을 끌어당긴다. 원예용으로 유용하게 쓰이는 것은 흙의 영양분을 유지하는 역할이 강하기 때문이다.

'스멕타이트'도 구조는 같지만, 마이너스 전하가 약하고 점토끼리 결합력이 약하다. 그 틈새를 노리고 물이 스며든다. 스멕타이트는 물을 흡수하면 팽창하고 건조하면 탈수되어 수축한다. 이것이 지사제로 효과적이다(그림17). 고양이 화장실에 사용되는 고양이 모래도 스멕타이트로, 오줌을 흡착하고 탈취하는 데도 효력을 발휘한다.

풍화작용으로 생겨난 점토도 불로불사가 아니며 더욱 풍화된다.

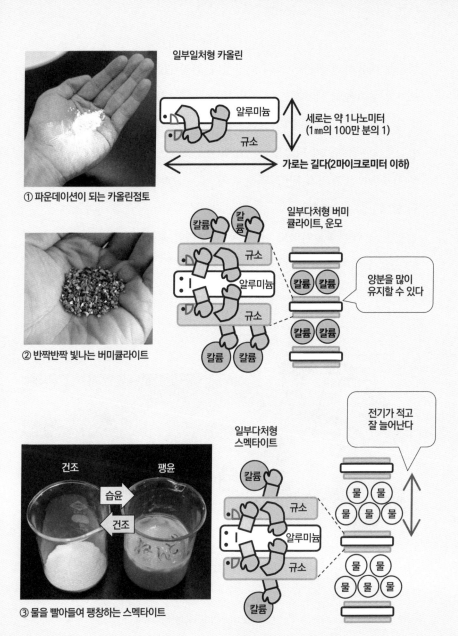

일부일처형 카올린

알루미늄

규소

세로는 약 1나노미터
(1㎜의 100만 분의 1)

가로는 길다(2마이크로미터 이하)

① 파운데이션이 되는 카올린점토

일부다처형 버미
큘라이트, 운모

칼륨 칼륨

규소

알루미늄

규소

칼륨 칼륨

칼륨 칼륨

칼륨 칼륨

양분을 많이
유지할 수 있다

② 반짝반짝 빛나는 버미큘라이트

일부다처형
스멕타이트

건조   팽윤

습윤

건조

칼륨

규소

알루미늄

규소

칼륨

전기가 적고
잘 늘어난다

물 물
물 물 물

물 물
물 물 물

③ 물을 빨아들여 팽창하는 스멕타이트

그림17 다양한 점토. 반응하기 쉬운 손(마이너스 전하)이 많을수록 양분을 유지할 수 있다.

생물에 비유하면 이는 노화에 해당한다. 가장 많은 풍화 패턴은 규소가 알루미늄과 헤어지고 지각이나 바다로 돌아가는 경우이다. 규소의 샌드위치 상태였던 버미큘라이트가 규소를 한 개 잃으면 카올린점토(일부일처형)가 되고, 또 한 개의 규소를 잃으면 알루미늄산화물(깁사이트)인 혼자가 된다. 역시 혼자 남은 산화철점토(헤마타이트)와 함께 노후를 보낸다.

같은 규소 산화물이라도 처음부터 알루미늄에 관심을 보이지 않는 것도 있다. 석영은 자기 완결형의 방어구조를 지니고 있어서 다

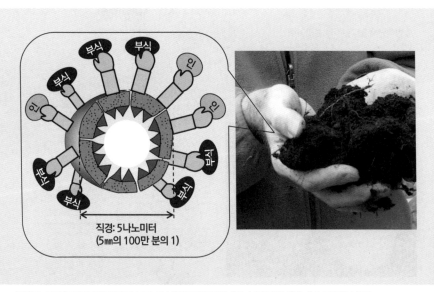

그림18 구로보쿠토에 많은 점토(앨러페인). 아수라처럼 반응하기 쉬운 손(흡착력)이 있다. 산성 조건에서 부식이나 인산 흡착력이 높아진다.

른 물질과 반응하지 않는 대신 쉽게 풍화되지도 않는다. 흙 속에서는 하얀 모래 입자로 단독 행동한다. 석영의 아름다운 결정은 수정으로 쿼츠(석영) 시계에 사용된다.

일본의 화산재토양에는 '앨러페인'이라고 하는 기이한 점토가 있다. 소재는 운모처럼 규소와 알루미늄의 산화물이지만 규칙적인 무지개떡 구조로 되어 있지 않고(그림18), 뿔뿔이 흩어져 있을 뿐 아니라 속도 비어 있다. 어쨌든 입자가 고와서 반응하는 표면적이 넓다. 이는 요리에서 잘게 다진 채소에 맛이 스며들기 쉬운 원리와 비슷하다. 원예용 흙인 가누마흙(일본 아카기산赤城山에서 분출한 경석이 풍화된 흙)이 보수력이 뛰어난 이유이다.

앨러페인은 부식 등 다른 물질과도 쉽게 반응하는데, 부식을 많이 흡착하면 화산재토양은 검어진다. 고시엔에서 뛰는 소년 야구선수의 유니폼이나 흙장난한 아이의 손에 묻은 검정 때가 간단히 씻겨 내려가지 않는 것도 모두 이런 까닭이다. 다양한 점토의 양과 종류에 따라 흙의 성격이 정해진다.

식물공장으로 100억 명을 부양할 수 있을까

지금까지 점토를 흙이 가진 강점으로 소개했지만, 이는 동시에 약점이기도 하다. 빛과 물과 영양분을 윤택하게 공급해서 채소를 재배하는 식물공장(국내에서는 스마트팜, 인도어팜 등으로 부른다_역주)과 비교해보자.

흙이 없는 식물공장과 노지재배를 비교해보면 식물공장의 식물이 압도적으로 크고 빨리 자란다. 흙은 식물공장을 이기지 못한다. '흙이 채소의 성장을 방해하는 게 아니냐'고 말하는 사람까지 있다. 이는 일면 사실이다. 농작물의 품종개량과 생물공학의 발달은 식물의 생산능력을 최대치까지 끌어올렸다(그림19). 그 결과, 흙은 융통성이 없다는 것이 더 두드러졌다. 이는 흙을 연구하는 사람으로서 충격적인 사실이다.

식물공장이 100억 명 분의 식량을 공급해준다면 흙을 고집할 필요가 없을 것이다. 그러나 식물공장은 비료와 에너지도 많이 소비한다. 만약 식물공장에서 쌀을 만든다면 분명 고가일 것이다. 지금도 경제 격차가 식량 불균형을 낳고 있으니 이러한 구조로는 도저히 100억 명을 먹여 살릴 수 없다. 이는 화성의 농업에도 해당한다.

어설픈 흙에도 매력이 있다. 노지재배는 식물공장만큼 비료가 필요하지 않다.

그림19 강아지풀을 품종 개량한 다양한 조(좁쌀, 잡곡의 하나). The Millet Project 제공

식물공장에서는 하루라도 비료를 아끼면 채소들이 불평을 늘어놓지만(시들지만), 노지재배에서는 수개월에 한 번 정도만 비료를 주어도 잘 자란다. 채소는 뿌리에서 수소이온을 방출하고 점토에 붙어 있는 칼슘이온과 교환한다. 즉 녹아 나온 칼슘을 뿌리로 흡수한다. 점토는 천천히 양분을 방출하는 은행 같은 역할을 맡고 있다(그림 20). 양분 배출량을 죄기는 해도 양분을 더 많이 내어주지는 않는다.

플러스 전하를 지닌 영양분(예컨대 칼슘이온)이 점토의 마이너스 전하를 둘러싸고 번갈아가며 흡착하는 '의자 뺏기 게임'을 이온교환 반응이라고 한다. 의자의 수가 많은 흙 쪽이 양분을 많이 앉힐 수 있다. 즉 부식과 점토가 많은 흙일수록 영양분이 많다. 검은 흙이나 질척질척한 흙이 비옥하다고 간주하는 이유이다. 반대로 부식이 적은 흰 흙이나 붉은 흙은 대체로 영양분이 부족하다.

이야기가 조금 길어졌지만 비옥한 흙의 조건이 명확해졌다.

점토와 부식이 풍부하고 질소, 인, 미네랄 같은 영양분이 너무 많지도 부족하지도 않고 보수력이 높을 뿐 아니라 배수가 잘되며 통기성도 좋은 토양이다.

분명 흙도 우리의 많은 주문에 놀랄 것이다. 조건이 많아서 혼란스러울 수도 있지만, 지렁이나 식물의 기분이 되어보면 모두 공감할 만한 것이다. 농작물의 생산능력을 최대한 발휘할 수 있는 토양을 발견하는 것이 100억 명의 생존을 향한 지름길이다.

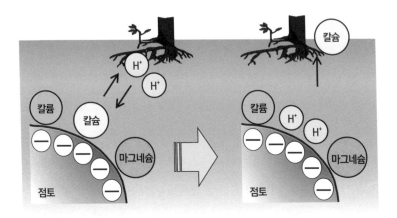

그림20 식물에 천천히 양분을 방출하는 점토. 식물이 수소이온을 방출해서 점토의 마이너스 전하에 붙어 있던 칼슘이온 등과 맞바꿔 흡수한다.

세계의 흙은 단 12종류

'흙은 외견이 80%'라고 호언장담했지만, 겉모양만을 기준으로 판단하면 20%는 틀리게 된다. 그게 아니라면 전문가가 필요 없어진다.

곤충이나 식물 등 생물을 분류하는 명칭이 있듯이 흙에도 이름이 있다. 생물의 경우, 현재 알려진 것만으로 곤충은 75만 종, 식물은 25만 종, 버섯은 7만 종이나 있다. 이는 학명을 부여받은 종수에 불과하고 아직 발견되지 않은 이름 없는 생물이 무수히 많다.

그런데 흙은 몇 종류나 있을까?

사실 흙은 12종밖에 없다. 열대우림을 조사할 때마다 신종이 발견되어 종수가 증가하는 곤충이나 식물의 세계와는 사정이 조금 다르다. 식물의 명칭을 외우려다 좌절한 사람도 12종류라면 기억할 수 있다. 12라는 숫자는 일본 프로야구 구단 수와 같고 축구 경기에 뛰는 선수 11명보다 약간 많을 뿐이다. 나는 수수한 흙을 연구 대상으로 삼기를 잘했다고 확신한다.

흙에 근대과학의 메스(삽)가 들어가기 시작한 것은 '토양학의 아버지' 도쿠차예프(러시아)가 활약한 150년 전이다.[10] 그보다 조금 이전 시기를 살았던 찰스 다윈이 생물 진화론을 수립한 데서 토양학이 촉발되었다고 한다. 그는 '토양의 재료가 되는 암석(지질), 지형, 기후, 생물, 시간이라는 다섯 가지 환경조건에 따라 흙도 변화한다'라는 사실을 발견했다. 그리고 구덩이 파기의 명인들이 세계의 토양을 조사해 비슷한 토양을 과감히 정리해나간 결과, 세계의 흙은 단 12종류가 되었다. 농업에 이용하는 것이 목적이라고는 해도 무척 대담한 분류이다.[11]

세밀하게 들여다보면 똑같은 흙은 하나도 없다. 이는 사람도 마찬가지다. 그래도 어느 정도 비슷한 흙은 있다. 예를 들어 우크라이나의 체르노젬, 북미의 프레리 토, 중국 동북부의 검은 흙(흑개토), 남미의 팜파 토는 다른 언어와 지역명을 쓰고 있지만, 흙 자체는 아주 흡사하다. 건조한 초원에 발달하는 비옥한 검은 흙이다. 밀 씨앗을 뿌리면 곡창지대가 된다. 비료를 주는 방식이나 물주기(관개) 방법도 비슷하다. 이들을 하나로 묶어 이름을 붙여 관리하는 것이 흙의 분류이다.

12종류의 흙에는 어려운 이름이 있지만 이들을 색으로 거칠게 표현하면 검은 흙이 3개, 붉은 흙이 1개, 황색 흙이 1개, 흰색 흙이 2개, 갈색 흙이 1개이다. 나머지 4종류의 흙은 색과 관계없이 언 흙, 물에 잠긴 흙, 마른 흙, 그리고 아무런 특징이 없는 '밋밋한' 흙이다(그림 21).

세계에서 가장 비옥한 흙으로 이름난 체르노젬을 아는 사람도 있겠지만, 그 밖에는 생소하다. 원예가게에 놓여 있는 부엽토나 가누마흙은 어디에 속할까? 12종류 흙의 차이는 무엇일까? 왜 다른 흙이 생겨났을까? 이런 것은 지리 교과서를 읽어도 알기 어렵다. 사실 나도 여전히 모르는 점이 많다.

이미 알고 있는 중요한 사실은 '비옥한 흙'이라는 이름의 흙은 없고, 비옥한 흙은 12종류 중에 흩어져 있다는 것이다. 직접 실물을 보고 12종류의 흙을 알아나갈 수밖에 없다. 대학 4학년이 되어 내가 선택한 곳은 토양학연구실. 드디어 비옥한 흙을 찾아가는 여행을 시작했다.

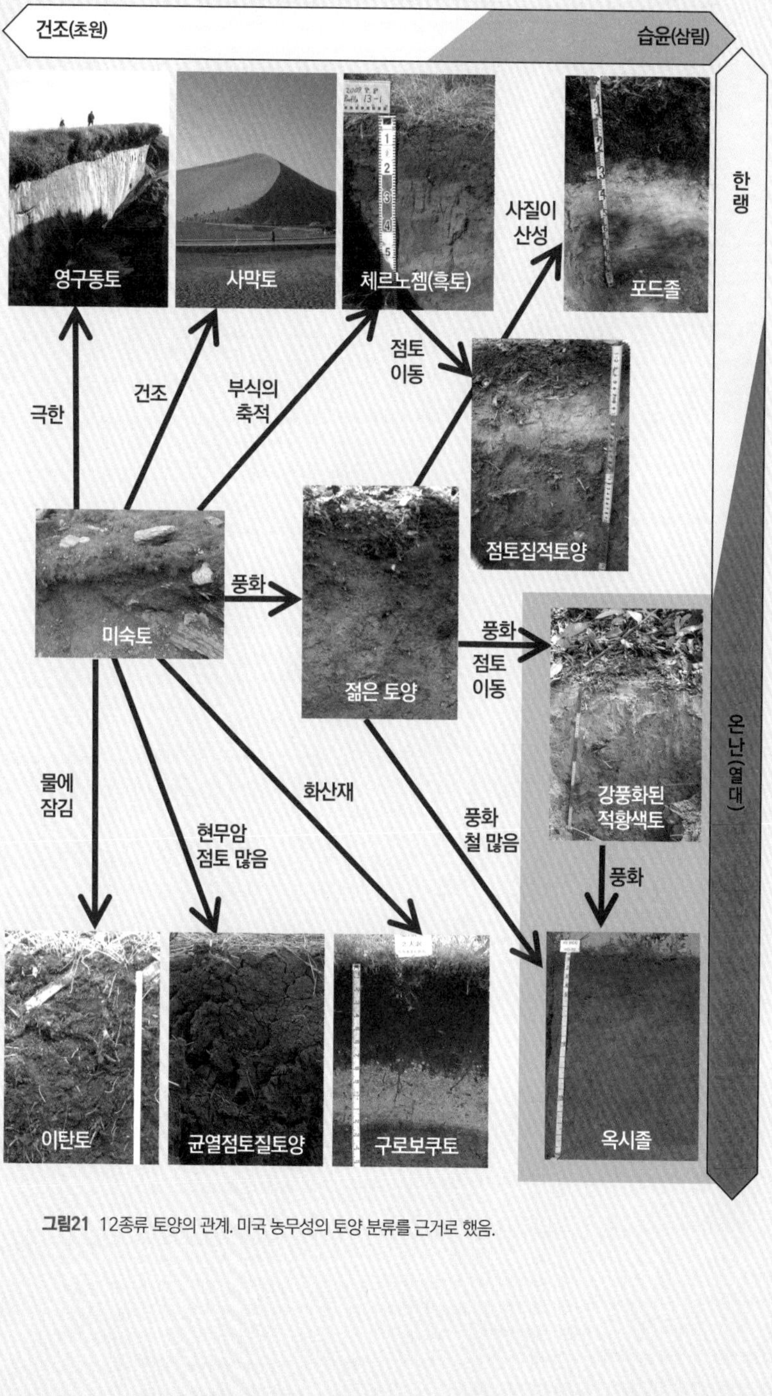

건조(초원)
습윤(삼림)
한랭
온난(열대)
영구동토
사막토
체르노젬(흑토)
포드졸
사질이
산성
점토
이동
극한
건조
부식의
축적
점토집적토양
미숙토
풍화
젊은 토양
풍화
점토
이동
강풍화된
적황색토
풍화
물에
잠김
현무암
점토 많음
화산재
풍화
철 많음
이탄토
균열점토질토양
구로보쿠토
옥시졸

그림21 12종류 토양의 관계. 미국 농무성의 토양 분류를 근거로 했음.

2장

12종류의
흙을 찾아라!

흙의 그랜드슬램

12종류의 흙을 전부 보고 싶다. 이것은 흙을 연구하는 사람만이 공감할 수 있는 꿈이다. 테니스로 말하자면 클레이코트(프랑스 오픈), 잔디코트(윔블던), 하드코트(미국 오픈, 호주 오픈) 등 코트 표면이 다른 4대 메이저대회를 석권하는 그랜드슬램에 해당한다. 최고 선수 로저 페더러가 라켓을 잡는다면, 이쪽은 삽을 잡는다. 수수하기로 이를 능가할 만한 것은 없다.

'모든 흙을 모으면 어떤 소원도 이루어진다'라는 만화 같은 이야기가 있는 것도 아닌데 마치 내 앞에 전도양양한 미래가 기다리고 있는 듯 느껴졌다.

그런데 말이다. 12종류의 흙이 있는 곳을 표시한 세계지도(화보1, 4~5쪽)를 보면 일본은 몇몇 색으로만 칠해져 있다. 즉 나머지 흙을 만나려면 비행기를 타지 않으면 안 된다. 어떤 흙은 인적이 없는 곳에 있다. 탁구부와 장기부를 오락가락하며 '실내족'으로 소년 시절을 보낸 나는 모든 종류의 흙을 보기 위해 탐험가가 될 각오까지는 되어 있지 않았는데, 큰 오산이었다. 흙 연구가를 선택하고 나니 세계를 돌아다니게 되었다.

용기는 없어도 의욕은 충만했다. 가방에 밀어 넣은 것은 장화와 삽한 자루뿐. 그럼, 지금부터 12종류의 흙을 찾아 여행을 시작해보자.

뒷산 흙에서 시작하는 여행

'여행'이라고 당당하게 말했지만, 여행하려면 돈이 필요하다. 즉연구비다. 장화와 삽만 준비하면 되는 게 아니었다. 주위 동료들이 씩씩하게 외국으로 조사하러 떠나는 동안 내 조사지역은 대학 근처에 있는, 절분제(節分祭: 일본에서 입춘 전야나 당일에 콩을 뿌려 잡귀를 쫓는 행사_역주)로 유명한 요시다 신사 뒷산이었다.

최근에는 고등학생들의 과학동아리조차 사막화나 열대우림 감소를 막는다는 거창한 주제를 내걸고 점차 해외조사 활동을 벌이는 추세지만, 내 연구 주제는 뒷산에서 '흙의 성분'을 밝히는 것이었다. 누가 강요한 것도 아니고 내가 스스로 정한 것이다. 발밑의 흙도 이해하지 못한다면 100억 명을 책임질 흙의 미래를 말할 자격이 없다. 나는 거장 레오나르도 다빈치의 가르침에 따랐다. 이렇게 말하니 듣

그림22 조엽수림(照葉樹林. 온대에서 아열대 북부에 걸쳐 강우량이 여름철에 많고 겨울철에 적은 곳에 발달한 상록 활엽수림. 주로 잎이 두껍고 광택이 있다_역주)에서는 빛이 새어들지 못할 정도로 나뭇잎이 하늘을 덮고 있다(일본 교토시 요시다산).

기에는 그럴듯하지만, 돈도 없고, 우선은 친숙한 일본에서 흙이 어떻게 탄생하는가를 규명하는 것부터 시작하자는 의도였다.

대학 연구실에서 도보로 5분도 채 걸리지 않는 뒷산에서 진행하는 조사라서 산책 정도로 가볍게 여겼다. 혼자 신사에 들러 참배한 다음 조사에 나섰다. 그러나 산책코스를 한발 벗어나면 캄캄한 조엽수림이 펼쳐진다. 모밀잣밤나무와 떡갈나무같이 도토리가 열리는 나무들이 잎과 가지를 뻗어 빛을 막아버린다(그림22). 장엄하게 느껴질 수도 있지만, 왠지 오싹해진다는 것이 정확하겠다. 게다가 그곳에는 엄청나게 많은 모기가 기다리고 있었다. 나중에 세계 각지의 조사지역에서 모기에 물릴 기회가 있었지만, 모기의 크기나 통증으로 보건대 뒷산을 능가하는 장소를 나는 아직 보지 못했다. 사족을 달자면 뒷산에는 지네도 많다. 게다가 비탈이 심해서 몇 번이고 미

그림23 미숙토(왼쪽부터 교토시 요시다산, 스위스 알프스)

끄러져 떨어진다. 뒷산은 결코 만만하지 않았다.

　산비탈을 기어올라 숨을 고른 뒤 첫 삽을 밀어 넣으니 바로 아래는 암석이었다. 바위 위에는 겨우 5㎝ 남짓한 토양이 덮여 있을 뿐이다. 이를 **미숙토**라고 한다(그림23). 12종류 중 처음으로 만난 기념할 만한 토양은 미숙토였다.

　모든 어른이 한때 아기였듯이 모든 시작은 암석, 그리고 미숙토이다. 급경사면 위에서는 사람뿐 아니라 흙도 버티지 못하고 비바람에 깎여나간다. 이를 토양 침식이라고 한다. 침식(侵蝕)에는 흙이 비에 흘러내려 가는 물 침식[水蝕, 수식]이 있고 바람에 날리는 바람 침식[風蝕, 풍식]도 있다.

　참고로 일본에서는 침식의 한자를 '침(浸)'식이라고 틀리게 쓰는

그림24 젊은 토양(왼쪽부터 교토시 요시다산, 교토부 단고반도, 니가타현 나에바산). 왼쪽부터 오른쪽으로, 땅 파기도 점점 잘하고 있다.

사람이 많다. 언론이나 전문가들조차 자주 오용하는 우려스러운 일이지만 이는 학교에서 흙을 가르치지 않는 폐해이자 비가 많은 지역에 사는 일본인의 버릇이기도 하다.

미숙토에서는 암석이 풍화하지 않는 것은 아니지만 흙이 생겨나면 곧바로 흘러내리고 만다. 파괴와 창조라는 말이 있듯이 흙이 젊어지기를 끊임없이 반복하고 있는 것이 일본의 산 흙의 특징이다. 유출된 토사는 산을 내려가 평야부에 퇴적한다. 대부분의 유적이 대량의 토사에 파묻혀 있는 것이 그 증거다.

처음은 좋지 않았지만, 뒷산의 비탈 중턱에는 훌륭한 토양이 있었다. 암석에 닿기까지 깊이 1m의 흙이 있고, 낙엽과 뿌리가 섞인 부식층 아래에는 오직 갈색 점토질인 토양이 계속된다. 미숙토가 성장한 것이다. 이것이 두 번째 흙인 **젊은 토양**이다(그림24). 아주 평범한 이 갈색 흙을 일본에서는 갈색삼림토라고 부른다.

일본의 흙이 산성인 이유

연구 대상이 평범한 뒷산이라 연구 내용이 재미없다면 이야깃거리가 되지 않는다. 내가 조사를 시작하고 깨달은 사실이 두 가지 있다.

하나는, 흙은 조용한 무생물이 아니라는 것이다. 낙엽을 한 장 뒤집어보면 무수한 생물이 푹신푹신한 부엽토 침대 위에서 활발하게 활동하고 있다. 나도팽나무버섯이 얼굴을 내미는가 하면 나무뿌리나 미생물의 균사가 종횡무진 뻗어 있다. 우리가 살기 위해 호흡하듯이 식물 뿌리와 미생물도 이산화탄소를 방출하고 있다(토양 호흡이라고 한다). 특히 무더운 일본의 여름에는 식욕이 왕성한 미생물에 의해 엄청난 양의 이산화탄소가 흙에서 방출된다. 나중에 세계 각곳에서 측정해보았지만, 일본의 여름 뒷산을 뛰어넘는 수치는 나오지 않았다.[12]

또 다른 하나는, 흙이 놀라우리만치 산성이라는 사실이다. 흙 물

석회 있음

산성토양
(석회 없음)

그림25 산성토양에 자라는 옥수수. 석회가 없어서 시들어 있다(앞쪽). 뒤편에는 석회를 시비해주어 옥수수가 싱싱하게 자라고 있다.

에 꽂은 pH미터(페하미터. 산성이나 알칼리성의 지표. pH7이 중성이고 이보다 수치가 낮을수록 산성을 나타낸다) 수치는 4를 나타냈다. 레몬수 수준의 산성이다. 간혹 '일본의 흙은 화산의 아황산가스가 있어서 산성이다'라고 해설하는 TV 프로그램도 있지만, 이는 화산구(화구) 근처에 한정된다. 어떤 사람은 '도시 지역에서는 산성비가 내리기 때문에 당연하다'라는 반응을 보이지만 빗물은 pH6 정도였다. 심지어 나뭇잎을 거쳐서 뚝뚝 떨어지는 빗방울은 이미 중성이 되어 있다. 화구 부근이나 도시에 한정하지 않고 일본 어느 곳을 파보아도 흙은 산성이다.

흙이 산성이 되는 원인은 가스나 빗물보다 흙 속에 있다. 인간이 혈액검사를 통해 건강 이상을 찾아내듯이 흙 속에 흐르는 물을 모아서 성분을 분석했다. 다만, 뒷산의 흙을 건강검진하는 나는 아직 면허가 없고 이 분야의 신출내기였다. '100억 명을 부양할 비옥한 흙을 찾아내야' 하는데 실제로는 '뒷산 흙의 성분'을 연구하고 있으니 아직 가야 할 길이 멀다. 육지의 30%는 산성토양으로 이는 식량생산을 제한하는 요인이다(그림25).[13] 그래서 흙이 산성이 되는 구조를 이해하는 것은 중요한 일이라고 스스로에게 타일렀다.

흙 속에 물이 흐를 때는 한창 비가 내리는 동안과 그 직후이다. 그래서 흙을 연구하다 보면 기상 예보관인 양 구름의 움직임에 민감해진다. 비가 내릴 때마다 모기떼가 들끓는 뒷산으로 들어간다. 숲속의 건강한 존재는 모기와 나뿐만이 아니었다. 식물 뿌리와 미생물도 비에 젖어 건강해지고 대량으로 호흡한다. 방출된 이산화탄소 중 일부가 흙물에 녹아들면 탄산수가 된다. 뿌리와 미생물로부터 유기산(구연산 등 과일에 많은 신맛 나는 물질)도 스며 나온다. 중성이었던 빗물(숲속 빗물)은 흙에 스며든 순간 산성 물질이 녹아 나와 pH(폐하)가 탄산 레몬수에 가까운 3까지 기록했다.[14] 생물이 만들어내는 산성 물질의 양이 산성비보다 방대하다는 것을 금세 알 수 있었다. 탄산수와 유기산을 함유한 물은 바위를 녹여 흙으로 변화시킨다.

　일본에서는 강수량(연간 1,500mm)이 자연 증발되는 양과 식물의 증산작용을 통해 사라지는 양(합하여 연간 200~700mm)을 웃돌기 때문에 많은 물이 흙 속에 스며든다. 암석의 풍화가 빠르게 진행된다. 1년에 0.1mm의 흙이 바위로부터 생겨난다. 그 사이에 방출된 미네랄은 흘러내려가 버리는 것도 많지만, 일부는 식물이나 미생물이 흡수한다. 건강해진 생물이 더욱더 풍화를 촉진한다. 산성토양은 농업을 하는데 문제가 되지만 산성 물질이 없으면 광물의 풍화가 진행되지 않고 흙과 점토도 생기지 않는다. 흙이 산성인 것은 생물 활동이 활발하다는 반증이다. 일본에서는 온난하고 습윤한 기후의 혜택을 누리는 생물들이 산성인 '젊은 토양'을 키우고 있다.

　나는 첫 번째 연구에서 만난 뒷산의 '젊은 토양'을 겉으로 보기에 평범하고 보잘것없는 흙이라고 생각했다. 그리고 내 연구성과의 진정한 가치를 이해하게 되고 사회에 그 성과를 환원하기까지 그로부터 15년이 더 걸렸다. 자기 발밑의 흙도, 자기 자신도 객관적으로 바라본다는 것은 대단히 어려운 일이다. 이후 해외 각지를 돌아다니며 농업이 불가능한 흙을 보고서야 나는 이 '젊은 토양'이 세계에서 비옥한 토양에 속한다는 사실을 알게 되었다.

농업이 불가능한 흙

내가 아직 보지 못한 세계 곳곳에, 농업에 적합하지 않은 흙이 있다고 한다. 북유럽이 한 예다. 산타클로스의 고향인 핀란드는 한랭하고, 비옥한 토양이 적다. 핀란드 사람들은 선조들이 핀란드를 선택하고 그곳에 눌러앉은 이유와 자기들의 생활을 유머 소재로 삼는다.

핀란드는 백야인 여름에는 늪지대에 모기떼가 들끓고, 겨울에는 춥고 대낮부터 어두컴컴하다. 그래서 핀란드인들은 자신들이 고어텍스 외투를 입고 태국으로 '피한 여행'을 떠나는 신세가 되기 전에 언어학적으로 비슷한 민족이 생활하는 에스토니아나 헝가리에 살 수 있는 선택지는 없었느냐고 자문한다.

이와 관련해서 지독한 농담이 있다.

수천 년도 훨씬 더 이전에 영구동토가 펼쳐진 우랄산맥 동쪽(시베리아)에서 먼 길을 마다하지 않고 신천지를 찾아 서쪽으로 넘어온 사람들이 있었다. 훗날 핀란드, 에스토니아, 헝가리를 이루게 되는 사람들이다. 그들은 분기점에서 이정표와 맞닥뜨린다(그림26).

표지판에는 이렇게 씌어있었다.

'↓남… 비옥한 토지, 기후도 좋음'

'북↑… 농사를 지을 수 없음, 끔찍하게 추운 기후'

글을 읽을 수 있었던 사람들은 남쪽으로 내려가서 정착했다. 그들이 지금의 헝가리인이다. 남쪽은 기후가 따뜻하고 비옥한 흙에 밀

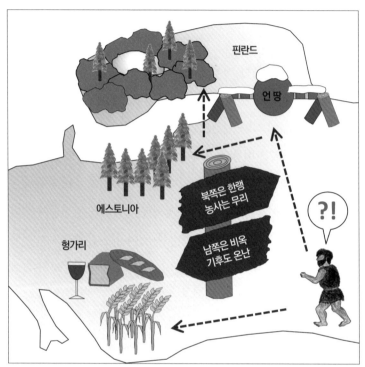

그림26 핀란드로 가는 길

과 포도가 잘 자라서 빵과 포도주가 넉넉하고 풍요로운 생활을 할
수 있었다.

표지판에 적힌 것이 무슨 내용인지 모르고 북쪽으로 향한 사람들
은 다음 이정표를 만나게 된다.

'경고 : 이 앞은 얼어 있음'

문자를 깨우친 일부 사람들은 이를 보고 거기서 멈췄다. 이들은

에스토니아인이 되었다. 그곳은 비록 기후가 춥고 모래땅이어서 비옥하지 않지만 호밀로 만든 검은 빵과 위스키가 있다.

그 이정표에 씌어 있는 내용을 읽지 못해 더 북쪽으로 올라간 나머지 사람들은 기꺼이 얼음 바다를 헤엄쳐 건너편 땅에 닿았다. 그곳에 정착한 사람들이 핀란드인이다. 그곳에는 호수와 모기떼가 만연한 늪지대와 드러난 암반 위에서 꿋꿋하게 자라는 삼림이 있었다. 이들은 그 땅을 개간해서 약간의 감자와 당근을 재배했다. 여름에도 서리가 내려 채소가 시들어버리곤 하지만 말이다. 그래도 헝가리의 포도주를 모르면 그런대로 행복했다.

이는 정말 무례한 농담이지만, 내가 아는 핀란드인은 모두 이 농담을 즐긴다. 핀란드인의 기원은 명확하지 않지만, 바위와 늪지가 많다는 흙에 관한 기술은 정확하다. 또 호수가 얼어 있지만 않으면 수영을 즐기는 핀란드인의 습성은 지금도 건재해서 푸탈로(puutalo)라는 사우나 오두막집과 호수를 들어갔다 나왔다 하곤 한다. 하지만 오늘날 핀란드는 세계에서 교육 수준이 가장 높은 나라 중 하나이다.

이 농담에는 몇 가지 흙이 등장한다. 우랄산맥 동쪽에는 시베리아의 **영구동토**가 있다. 헝가리의 비옥한 흙은 우크라이나와 함께 '세계의 곡창'을 뒷받침하는 **체르노젬**이라고 일컫는 흙이다. 에스토니아의 사질 흙은 **포드졸**이라고 한다. 산성인 데다 영양분도 별로 없다. 핀란드의 늪지대에는 **이탄토**가 있고 바위가 많은 토지에는 흙이 거의 없다. 있다고 해도 **미숙토** 정도다. 이 다섯 가지 흙이 농업 여부를 결정짓고 사람들의 생활방식에 영향을 미쳤다는 극단적인 예화이다. 푹신푹신한 화산재토양에서 나고 자란 내게는 상상조차 가지 않는다. 그곳은 실제로 어떤 땅일까?

영구동토를 찾아서

먼저 영구동토로 가보자. 영구동토가 있는 북극권은 멀다. 일본에서 캐나다 현지까지 가려면 비행기를 다섯 번 갈아타야 한다. 도중에 오로라 마을인 옐로나이프까지는 관광객이 제법 눈에 띄지만, 석유와 기지 마을인 이누빅까지 가면 캐나다인을 포함해도 인적이 극히 드물다. 일본에서 캐나다까지 항공료는 20만 엔, 거기서 이누빅까지는 다시 30만 엔이 든다. 캐나다인 연구자에게 이누빅으로 가자고 청해도 모기가 많아서 싫다며 오히려 일본에 가는 게 가깝게 느껴진다고 말한다.

뒷산을 오르내리던 날들에 비교하면 약진한 것 같지만, 대형 연구프로젝트 말단에 끼워넣어 겨우 얻어낸 기회였다.

하지만 다섯 차례 갈아타는 하늘 여행 끝에 최신 기기로 꾸린 짐가방은 도중에 사라져버리고 코끼리표 삽만 무사히 돌아왔다. 예기치 못한 문제는 자주 사명을 일깨워준다. 문자 그대로 맨몸에 달랑

삽 한 자루.

문제가 잇따라 발생했다. 타국에서 흙을 연구하려면 자동차 운전 면허증 같은 면허가 필요하다. 교섭 상대는 주 정부지만, 북극에서는 원주민(이누이트) 자치회의 허가도 필요하다. 영구동토지대에 펼쳐진 대자연은 수렵·채집을 하는 이누이트 사람들의 생활 터전이기도 하기 때문이다.

자치회로부터 '흙을 파면 우리 자연이 황폐해지지 않나'라든가 '벌목하면 연료 자원이 줄어들지 않나'라는 질문이 일주일에 하나씩 이메일로 날아왔다.

나는 그들이 이해할 때까지 성심껏 질문에 답했다.

'흙을 판 후에는 원 상태로 복구합니다. 쓰레기도 수거합니다'

'나무를 몇 그루 뽑아도 $1ha$(헥타르. $1ha$는 $100m \times 100m$)에는 나무가 4,000그루나 자라고 있어 영향을 주지 않습니다' 등등.

허리는 낮추되 강하게 밀어붙여야 하는 스모처럼 2개월 동안 밀고 당기기를 반복했다.

조사허가가 나기 전까지 내가 배운 것이 있다. 원주민인 이누이트는 일본인과 같은 몽골로이드 계로 우리와 생김새가 비슷하다. 연어나 순록 등을 수렵하거나 채집하는 것이 생업이었겠지만, 이누빅 마을에는 보조금에 기댄 알코올의존증 환자가 많이 떠돌고 있었다. 온종일 캄캄해지는 겨울이 문제라고 한다. 그들을 보며 생업을 포기했을 때 인간이 얼마나 연약해지는지 느꼈다.

북위 68도인 이누빅의 연평균 기온은 −9℃이다. 삿포로의 연평균 기온은 마이너스가 붙지 않는 9℃이니 이와 비교하면 무척 춥다. 농사를 짓는 기색은 없다. 마을에 하나밖에 없는 슈퍼마켓에서는 오렌지 1개가 500엔이다. 가까운 플로리다산인가 했더니 남아프리카산이다. 오렌지는 남아프리카로부터 비행기를 갈아타고 머나먼 이누빅까지 찾아왔다. 나도 긴 여행을 했지만 뛰는 놈 위에 나는 놈이 있었던 것이다. 슈퍼마켓 계산원은 오렌지를 사는 내게 "Crazy, but tasty(미친 가격이에요. 그래도 맛은 좋지요)"라고 말하며 웃었다.

오렌지는 시작에 불과한지도 모른다. 시들어 누레진 배추는 한 포기에 1,800엔, 시금치 1,000엔, 무 1,400엔, 가지 700엔이다(그림

그림27 캐나다 영구동토지대의 슈퍼마켓에 진열된 시든 배추, 15.08캐나다달러(당시 환율로 1,800엔). napa cabbage라고 씌어 있다.

27). 일본의 슈퍼마켓에서 흔히 듣는 '요즘 채소값이 올랐어요!' 하는 정도의 수준이 아니다. 이 가격은 모두 흙이 얼어 있어 농사를 지을 수 없기 때문이다. 블루베리만은 유일하게 공짜로 야외에서 마음껏 딸 수 있다. 블루베리라고 하면 북유럽 것이라고 여기기 쉽지만 원산지는 북미다. 진달래과인 블루베리는 영구동토의 혹독한 환경에서도 끈기 있게 잘 자란다.

두 달의 시간과 블루베리를 탕진한 끝에 드디어 조사허가가 떨어졌다. 영구동토를 조사하게 된 것이다.

툰드라와 영구동토

삼림과 논으로 둘러싸인 일본에서 보면 북극권의 자연은 상상하기 어렵다. 고등학교 지리 교과서나 참고서에는 '한랭한 지역에는 식생이 별로 없는 툰드라가 펼쳐지고 이탄(泥炭)을 대량으로 함유한 강산성 툰드라토, 영구동토가 분포한다'라고 적혀 있다. 간단히 설명하려고 하면 오히려 더 혼란스럽다. 실물을 보는 게 빠르다.

북미대륙을 북으로 종단해서 가면 미국 중서부에서 캐나다 남부에 걸쳐서 일찍이 대초원(프레리)이었던 곳에 옥수수와 밀의 곡창지대가 펼쳐지다가 곧이어 포플러 등의 활엽수림과 한가로운 목축지대가 나타난다. 목축이 성행하는 지역이다. 북쪽으로 더 올라가면 침엽수림이 펼쳐진다(그림28). 소나무나 가문비나무 같이 크리스마스트리로도 친숙한, 잎이 뾰족한 나무들이다. 이제 밭은 없다. 반달곰과 비슷한 흑곰과 무스가 활보하는 대자연이다.

추운 북쪽으로 더 가면 20m 정도 되던 나무 높이가 점점 작아진다. 여름이 짧아서 성장이 더딘 것이다. 동토지대에 있는 이누빅 부근에서는 높이 5m 정도의 검은가문비나무가 기울어진 모습으로 자

그림28 왼쪽 위부터 프레리로 펼쳐진 농업지대, 침엽수림(캐나다 앨버타주), 술 취한 숲, 나무가 없는 툰드라의 경관(캐나다 노스웨스트 준주*). 목축지대는 그림43, 활엽수림은 그림45 참조.

(* 준주: 연방국가인 캐나다는 10개의 주(province)와 3개의 준주(territory)로 이뤄져 있다. 주와 준주의 차이는 연방정부와의 관계에 있다. 주정부와 연방정부는 헌법에 따라 대등한 관계로 보나, 준주는 연방법에 따라 연방정부의 통제하에 자치권이 인정되는 곳이다_역주)

라고 있는데 이를 '술 취한 숲'이라고 부른다. 뿌리를 땅속 깊이 내리려고 해도 땅속이 얼어 있어서 나무가 곧게 자랄 수 없다. 이들은 수령이 200살에 이르지만, 나무 몸통의 지름이 6cm밖에 안 된다.

이 부근까지 오면 이제는 인간보다 불곰이나 순록이 더 많아진다. 더 나아가 북극해까지 북상하면 여기서부터는 나무가 자라지 않는 삼림한계 영역이다. 벼과 초본식물이나 버들 같은 관목은 자란다. 이것이 툰드라이다. 툰드라에서부터 북극까지는 북극곰의 세력 범위다.

흙은 어떨까? 일본 숲속에서는 나뭇잎이 햇빛을 차단하고 푹신푹신한 낙엽이 지면을 덮고 있었다.

캐나다 동토지대의 술 취한 숲에는 검은가문비나무들이 띄엄띄엄 서 있어서 위를 올려다보면 파란 하늘이 그대로 펼쳐진다. 지면은 가문비나무의 낙엽이 적은 대신 이끼식물이나 지의류(조류와 곰팡이가 공생하는 생물) 유체가 20cm 두께로 흙을 덮고 있다. 숲의 주인공이 다르다. 그리고 이끼 매트 아래 드디어 흙이 등장한다(그림29).

영구동토라는 이름과 다르게 표면에서 10~30cm 사이의 흙은 녹아 있었다. 그 흙 아래에 여름에도 녹지 않는 얼음층이 있다. 이것이 진짜 영구동토층이다. 동토라고 해도 엄밀하게 말하자면 흙 입자 자체가 얼어있는 게 아니라 흙 입자 사이의 물이 얼어서 흙이 통째로 딱딱하게 굳어 있는 것이다. 일본에서 가져간 삽도 당해내질 못한다.

영구동토를 '영구'라고 말은 하지만, '2년 이상 0℃ 이하'의 조건

영구동토층

그림29 지의류와 이끼 밑에 묻혀 있는 동토(왼쪽, 캐나다 노스웨스트 준주)와 그 아래의 영구동토층(오른쪽, 미국 알래스카주, Mr. Brandt Meixell 제공)

을 채우면 영구동토층이라고 부를 수 있다. '영구 = 2년 이상'이니 학회도 의외로 성급하다. 여름에도 땅을 조금 파보았을 때 얼음이 나오는 차가운 흙을 **영구동토**라고 한다. 12종류의 흙 중 세 번째 흙이다. 이는 육지의 9%를 차지한다.

일본에서도 홋카이도 남동부, 특히 겨울 추위가 혹독한 곤센(根釧) 지방은 흙이 언다. 그러나 봄에는 흙 속 얼음은 녹아 없어지고 목초가 무성하게 자라나 농업지대 모습을 되찾는다. 이를 겨울에 한정된 계절 동토라고 한다. 서릿발도 그중 하나다.

캐나다와 시베리아의 동토지대에서는 연중 얼어 있는 영구동토층이 지하 수백 미터까지 계속된다. 연평균 기온 −9℃는 확실히 춥지만 수백 미터 깊이까지 흙을 얼리는 것은 그렇게 간단하지 않다. 이웃 알래스카에도 영구동토층은 있지만 수십 미터 두께에 불과하다. 이 차이를 만든 요인은 무엇일까?

북극권에 영구동토층이 형성된 것은 빙하기(300만 년 전)의 일이다. 지구 자전축의 미세한 기울기 변화로 조금 추워지거나 따뜻해지

그림30 영구동토의 분포. 일찍이 대륙빙하에 덮여 있던 북유럽에는 동토가 적다. Brown et al.(1997)을 바탕으로 작성[15]

는 주기를 되풀이했다(밀란코비치 주기라고 한다). 우리는 지금도 그 기후변동 속에 몸을 맡기고 있다. 매머드가 툰드라지대를 활보했던 빙하기에는 내린 눈이 굳어서 두꺼운 얼음이 되어 북미대륙과 유럽을 덮었다(그림30).

대륙빙하의 두께(높이)는 3km나 되었다고 한다. 빙하에 물을 빼앗긴 탓에 지구 각지에서는 사막이 생겨나고 해수면은 200m나 내려갈 정도로 대변동이 일어났다. 빙하에 덮인 흙은 냉기로부터 차단되므로 얼지 않았다. 일본 중서부인 호쿠리쿠지방(北陸地方: 니가타현, 도야마현, 이시카와현, 후쿠이현을 가리킴_역주)의 대설 지역에서는 흙이 얼지 않고, 눈이 적게 오는 홋카이도 곤센지방에서는 흙이 쉽게 어는 것과 같은 이치다.

빙하가 형성되려면 비(눈)가 필요하다. 그런데 대륙 내륙부는 비가 적다. 내가 조사한 캐나다 이누빅의 연 강수량은 200mm밖에 되지 않는다. 일본에서 한 차례의 큰비에 해당하는 양이다. 빙하기라고 해도 비나 눈이 적은 지역에서는 빙하가 발달하기 어렵다. 빙하에 덮이지 않은 흙은 빙하기의 냉기에 노출된 채 얼어버렸다. 그것이 영구동토층이 된 것이다.

영구동토층 위의 흙은 여름에 녹긴 하지만 흙 속 온도가 기껏해야 5℃이다. 수백 미터의 영구동토층 때문에 아래로부터 계속 차가워지기 때문에 온도가 냉장고보다 안정되어 있다. 이쯤 되면 채소가 자라지 않는다. 감자도 무리다. 오렌지가 500엔, 시든 배추가 1,800

엔인 이유는 흙에 있다.

영구동토는 북극을 둘러싼 육지, 즉 알래스카, 캐나다 북부, 시베리아에 퍼져 있다. 농업이 불가능한 영구동토지대에서는 수렵·채집이 유일한 생업이 되었다. 이렇게 해서 영구동토의 조사가 끝났다. 다음은 이탄토다.

얼음이 녹은 후

빙하기로 이야기를 되돌리자. 빙하가 없던 지역은 흙이 차가워져서 영구동토가 발달했다. 그러면 빙하에 덮여 있던 곳은 어떨까?

같은 북극권에 있는 데도 북유럽에는 영구동토가 거의 없다. 캐나다, 알래스카에서도 빙하에 덮였던 지역은 흙이 얼지 않았다. 두꺼운 빙하의 존재가 담요 역할을 해서 토양의 동결을 막아준 것이다(그림31).

빙하는 동결로부터 흙을 지켰다. 하지만 그런 한편으로 산과 계곡을 파괴했다(그림32). 빙하가 발달한다는 것은 상상이 잘 안 되지만, 냉동고 벽에 붙은 얼음이 떨어지면서도 점점 두꺼워져서 내부 공간이 작아지는 현상과 비슷하다.

지구 온난화의 상징적인 광경으로 빙하가 부서져 바다로 무너져 내리는 영상이 자주 소개되곤 한다. 사실 이것이야말로 빙하의 성장

그림31 로키산맥의 콜롬비아 빙하(캐나다 앨버타주). 앞쪽에는 빙하를 깎아낸 토사가 퇴적해 있다.

을 보여주는 것이다. 빙하가 발달해서 밀려난 빙하 가장자리 부분이
이제 육지에 의해 떠받쳐지지 않아서 무너지고 있을 뿐, 온난화 때
문에 얼음이 융해되는 것은 아니다. 빙하가 발달하면 그 맨 앞쪽은
1년에 수 미터에서 수십 미터 정도 전진한다. 빙하의 발달로 무슨
일이 일어났을까?

빙하기에 캐나다에서는 로렌타이드 빙상이라는 거대한 대륙빙
하가 발달했다. 북미대륙에서 그린란드까지 뻗었을 정도로 그 규모

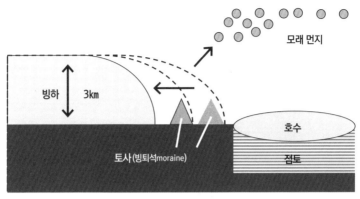

모래 먼지

빙하 3km

호수

토사(빙퇴석moraine)

점토

그림32 빙하에 깎여나간 토사 중 미세한 모래 먼지는 바람에 날아가고 무거운 물질이 남는다. 눈 녹은 물이 고여 형성된 호수에는 점토가 퇴적한다.

가 엄청났다(그림33). 이 빙하는 지금도 그린란드를 덮고 있다. 바다 저편에서는 영국에서 러시아 동쪽까지 이어진 빙하가 북유럽을 집어삼켰다. 현재 영국은 다른 유럽 여러 나라와 선을 긋고 단독행동을 많이 하는 섬나라지만, 해수면이 낮았던 빙하기에는 하나의 대륙이었다. 높이 $3km$에 이르는 빙하가 거대한 불도저처럼 기복이 심한 육지를 편평하게 다져나갔다(그림32).

빙하 불도저도 고쳐 말하자면 물에 지나지 않는다. 지금으로부터 1만 년 전 추위가 누그러지자 북미대륙을 덮었던 빙하가 녹기 시작했다. 일본에서는 조몬 문화(일본의 신석기 시대에 해당_역주)가 꽃을 피웠던 시기다. 빙하가 녹은 물은 격류를 이루며 대서양으로 흘러 들어갔다. 평탄한 지형에서는 일부의 물이 갈 길을 잃었고, 이것이 거

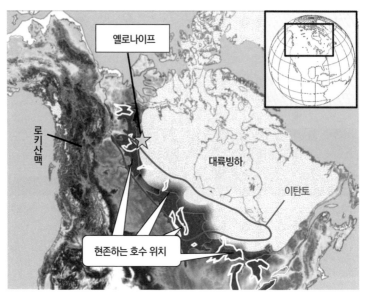

그림33 1만 년 전 빙하가 만든 고대 호수와 현재 이탄토의 분포. Hickin et al.(2015)[16]을 바탕으로 작성

대한 호수를 이루었다(그림33). 나이아가라폭포가 있는 미국·캐나다 국경의 5대호, 캐나다의 거대한 호수들(그레이트슬레이브호, 그레이트베어호)은 빙하의 상흔으로 생겨난 거대한 물웅덩이다. 원래는 북미대륙에 걸친 하나의 호수였다고 한다. 그 호수 부근에 네 번째 흙, 이탄토가 있다.

이탄토와 모기 알레르기

동토지대인 이누빅에서 남쪽으로 1,100km 떨어진 오로라의 마을 옐로나이프는 그레이트슬레이브호 부근에 있다. 흙은 이제 얼지 않는다. 오로라를 보러 오는 관광객은 있어도 이탄토를 목적으로 오는 사람은 없기에 나는 세계 최대 규모의 이탄토지대를 독점할 수 있었다. 밤하늘이 매력적이지만 지상의 흙도 매력적인 마을이다. 나카지마 미유키(일본의 여성 싱어송라이터_역주)의 노래 〈지상의 별〉이 문득 머리를 스쳤다. 오로라를 보는 것은 기나긴 겨울밤이 최상의 시기지만, 토양 조사에 최상인 시기는 여름이다. 이때는 바로 모기의 최전성기이기도 하다.

크고 작은 여러 호수 주위에는 습지대가 형성된다. 호수의 경관이 구시로습지(일본 홋카이도 동부에 있는 국립공원_역주)와 비슷하지만, 캐나다에는 비버가 가지를 모아서 만든 마운드(집)가 호숫가 이곳저곳에 흩어져 있다. 습지대에는 물이끼 같은 이끼식물이 무성하다. 식물유체는 보통 미생물에 의해 이산화탄소로 분해되어 대기로 돌아간다. 동시에 질소와 인 같은 영양분도 방출되어 새로운 생명을 길러낸다. 불교에서 말하는 윤회, 혹은 인간 세계의 재활용과 같은 원리다. 그러나 호수 주위 물에 잠긴 곳은 흙 속까지 산소가 가닿지 않아 대부분의 미생물이 질식하고 만다. 미생물의 분해 활동이 멈추면 이끼식물 유체가 계속 퇴적하게 된다. 이것이 **이탄토**이다(그림34).

12종류의 흙 중 네 번째다.

캐나다 습지림은 비버와 다람쥐, 토끼 같은 동식물의 보고이자 모기의 소굴이기도 하다. 나도 온몸을 완벽 방어했지만 모기 역시 짧은 여름에 사활을 건다. 미세한 틈새를 찾아내 침을 찔러온다. 헌혈이라고 생각하는 수밖에 없다. 실내에서만 살아온 나는 부족한 야외 경험과 지식을 보충하기 위해 탐험가 우에무라 나오미의 저서를 읽어보았지만, 여기에는 북극곰과 맞닥뜨렸을 때 대처하는 요령은 씌어 있어도 안경 너머로 쳐들어오는 모기를 물리치는 방법에 대해서는 언급이 없었다. 한랭지 모기라서 뎅기열이나 말라리아의 위험성은 없다고 해도 무리 지어 나는 모기떼 속에서 수백 군데를 물리자 입술 안쪽의 림프샘이 부어오르더니 결국 두드러기가 나고 말았다. 모기 알레르기였다. 이제 겨우 네 번째 흙인데 앞날이 걱정이다.

이탄토를 판다는 것은 모기뿐 아니라 지하수와의 싸움이다. 바가지와 삽을 번갈아 쥐며 파 내려가도 1m가 한계다. 놀랍게도 지표에서 땅속 1m까지 한결같이 미분해 상태인 이끼식물 유체가 퇴적해

그림34 이탄토(캐나다 노스웨스트 준주)

있었다(그림34). 이탄의 퇴적 속도가 1년에 1mm라고 하니 1천 년 동안이나 분해되지 않은 채 잠자고 있었던 셈이다. 보링조사(보링기계를 사용하여 지름 50mm 정도의 구멍을 뚫어 흙이나 암석을 채취한 다음 지질과 지하수의 상태 등을 알아보는 지질조사 방법_역주)를 해보면 깊이 10m인 곳까지 같은 식으로 식물유체가 퇴적해 있다고 한다. 10m 깊이라는 것은 1만 년 전부터 퇴적이 시작되었음을 뜻한다. 마침 빙하가 녹기 시작한 무렵에 해당한다.

북미나 북유럽에서 이탄이 퇴적하게 된 계기는 빙하의 융해였지만, 빙하가 없더라도 습지대를 형성하는 평탄한 지형과 다량의 물만 있으면 이탄토가 생성된다. 일본에도 구시로습지나 오제고원(尾瀬高原: 후쿠시마현·도치기현·니가타현·군마현에 걸쳐 있는 분지 형태의 고원_역주) 같은 습지대에는 이탄토가 있다. 이탄토는 미생물 분해 활동이 느린 한랭한 지역에 많을 것이라고 여기기 쉽지만, 습지대라면 기후를 가리지 않는다. 일본 각지의 충적평야에 펼쳐지는 대부분 논지대는 원래 《고사기》, 《일본서기》 등 일본 신화에 나오는 도요아시하라(豊葦原: '갈대가 무성한 나라'라는 뜻으로 일본을 아름답게 지칭한 말_역주)의 습지대로, 오늘날에도 이탄토가 땅속에 잠자고 있다.

세계로 눈을 돌리면 맹그로브를 포함한 열대 습지림(늪)에도 엄청난 양의 이탄이 퇴적해 있다. 수분과 부식이 많은 흙을 비옥하다고 말했는데 식물유체가 분해되지 않은 채 퇴적한 이탄토는 양분 공급이 적은 불량 토양이다. 만물에는 정도가 있는 법이다.

위스키와 청바지를 낳은 이탄 '토'

이탄토는 북극권이나 고원지대까지 가지 않더라도 원예용품점에 가면 볼 수 있다. 피트모스다. 이끼식물에서 유래한 이탄토를 건조한 피트모스는 양분이 부족하고 산성이지만 통기성을 개량해준다. 스카치위스키에 훈향(스모크향)을 내는 연료도 이탄이다. 빙하에 깎여나간 스코틀랜드는 습지와 이탄토의 보고였다. 여기에 한랭지에서도 자라는 호밀을 더하면 위스키 재료가 갖추어진다. 홋카이도 요이치에서 위스키 생산이 번창하게 된 것도 이탄토를 부근에서 수월하게 구할 수 있었기 때문이다.

흥미롭게도 북유럽에서 위스키를 만드는 물은 위스키와 같은 갈색을 띠고 있다(그림35). '위스키 만들기에 최적인 물은 원래 위스키와 같은 색을 띤다'라고 해설하는 위스키 증류 공장도 있다. 사실 연료인 이탄토를 근처에서 조달 가능한 지역은 하천수도 이탄토로 인해 탁해지기 쉽다. 수천 년된 이끼식물 유체가 찻잎처럼 폴리페놀류(탄닌 등)를 방출하여 분해되지 않은 채 하천으로 흘러나오기 때문이다. 차와는 다르게 갈색 하천수는 맛이 없다. 위스키, 커피, 홍차, 그리고 설탕 문화가 영국에서 발달하게 된 배경에는 이탄토에서 배어나오는 식수가 그 상태로는 맛이 없었던 것이 영향을 미쳤다.

이탄토가 땅속 깊은 곳에서 수천만 년 잠들면 석탄으로 변한다. 이는 우리가 사용하는 전기의 연료일 뿐 아니라 청바지를 물들이는

그림35 이탄토지대의 갈색 하천수(캐나다 앨버타주)

인디고 원료로도 사용된다. 식물에서 짜내던 인디고를 석탄에서 합성하는 데 성공한 것은 세계 최대 화학제조업체인 BASF사였다. 염료사업으로 성장한 BASF사는 석탄을 이용해서 질소비료와 화약을 대량생산하는 것에 성공했다. 질소비료는 세계 인구를 배로 증가시킨 반면 화약은 전쟁에서 사상자 수를 배로 증가시켰다. 이탄토는 세계 육지 면적의 1%밖에 안 되지만 그 영향력은 꽤 크다.

토양이 없다는 것

　북극권에서 영구동토와 이탄토만큼이나 많이 볼 수 있는 것이 미숙토이다(그림36). 대학 뒷산에서 흙을 조사할 때 미숙토를 이미 보았지만, 압도적으로 미숙한 북극권의 흙을 보고 나는 깜짝 놀랐다. '암석 사막'이라고 하는 편이 가깝겠다. 일본의 고산대와 비슷하지만, 북미와 북유럽의 지형은 평탄하다. 앞에 소개한 농담 중에서 핀란드에 다다른 사람들 이야기에 등장한 '드러난 암반 위에 꿋꿋하게 자라는 삼림'이 있는 경관을 떠올리면 된다.

　두께 3km의 빙하라는 거대한 고무래가 고르게 만든 북미나 북유럽의 지표면 중 움푹 팬 곳에는 습지대가 형성되고 구릉지에는 암반이 그대로 드러났다. 북극권은 강수량이 적고 기온도 낮다. 생물활동도 활발하지 않기 때문에 바위의 풍화도 더디다. 자세히 보면 바위 위에는 얼마 안 되는 토양이 있다. 지의류나 이끼식물 밑에서는 바위가 변색되고 소나무 뿌리가 바위를 뚫고 들어가 있다. 바위가 분해되면 모래나 점토가 생겨나 지의류나 소나무 유체가 잘게 분해된 부식과 뒤섞인다. 바로 흙이 탄생하는 순간이다. 그러나 흙은 수 밀리미터밖에 없다. 일본 뒷산에서 본 미숙토와 젊은 토양에는 흙이 있기에 그곳은 대단히 혜택받았다고 느껴진다.

　미숙토는 모든 토양의 출발점이고 전 세계에 분포한다. 암반은 물론, 하천과 바람의 작용으로 옮겨진 토사가 퇴적하면 흙의 발달상

그림36 북극권의 암석지대. 바위 틈새에 지의류가 만들어낸 흙이 쌓인다.

태는 원점으로 돌아간다. 즉 미숙토가 된다. 저지대의 논을 지탱하는 충적토가 미숙토라면 돗토리사구(일본 돗토리현 돗토리시 동해 해안에 펼쳐진 해안 사구_역주)도 미숙토이다.

미숙토라고 하지만 생물 활동이 있고 물이 있는 한 흙은 바위로부터 계속 생겨난다. 그 생성 속도가 느리거나 혹은 흙이 유실되는 속도가 생성 속도와 비슷한 정도로 빠를 뿐이다. 돈이 모이지 않는 원인이 수입이 적거나, 지출이 너무 많기 때문인 것과 같은 식이다. 북극권과 일본의 고산대는 전자(생성 속도가 느림)에 해당하고 후자(유실 속도가 빠름)의 대표적인 예로는 사하라사막과 태국 동북부의 사질토양이 있다. 역설적이지만 거센 풍화를 받을수록 여분의 것이 사라지고 마침내 다시 한 번 '미숙'한 모습으로 돌아가는 것이다. 세계에서 가장 풍화한 태국 동북부의 사질토양을 찾아가 보자.

미소의 나라의 사질토양

태국 동북부의 중심 도시 콘깬은 방콕에서 북북동으로 450㎞ 떨어진 곳에 있다. 삽 외에 돈이 넉넉하다면 달랐겠지만, 그게 아니므로 야간버스로 이동해 시간과 돈을 아끼기로 한다. 저물녘 버스터미널에 리듬감 있는 국가(국왕 찬가)가 흘러나오자 모든 사람이 기립한다. 2016년에 세상을 떠난 푸미폰 국왕은 명군으로서 국민에게 추앙받았는데 토양 보전 활동에도 전력을 다한 인물이다. 유엔식량농업기구(FAO)가 정한 '국제 토양의 날' 12월 5일은 푸미폰 국왕의 생일과 겹치고, '미소의 나라' 태국은 흙에 바탕을 둔 농업 대국이기도 하다.

야간버스 좌석에 몸을 맡기고 편안히 자고 있는데 검문하려고 올라탄 무장 경관이 흔들어 깨운다. 여권을 보여줘도 태국에 무엇 하러 왔냐고 묻는다. 물론 영어는 통하지 않는다. 태국어를 변변히 할 줄 모르는 내게 '뚝뚝(삼륜 택시)' 운전사가 가르쳐주었던 '위짜이딘(흙을 연구한다)'이라는 주문을 외우자 그가 미소 짓는다. 태국에서는 경찰관조차 흙과 미소의 소중함을 알고 있는지도 모른다.

카오만가이(닭 육수로 밥을 지어 삶은 닭고기를 밥 위에 얹은 음식_역주)

그림37 태국 동북부의 사탕수수밭과 사질 미숙토

를 허겁지겁 먹어치운 후 농장으로 향하자 눈앞에 새하얀 모래땅
이 펼쳐진다(그림37). 골프장의 벙커도 아니고 열대 해변도 물론 아
니다. 내륙에 있는 밭이다. 땅을 분석해보니 흙에 함유된 점토의 비
율은 3%에 불과하고[17] 나머지는 새하얀 모래다. 참고로 일본의 뒷
산 흙에는 점토가 30%나 들어 있었다. 점토는 물과 양분을 유지하
고 부식을 흡착하는 역할을 한다. 태국 동북부의 사질(砂質)토양에
는 이런 점토가 무척 적다. 흙만 놓고 보면 세계에서 가장 빈영양(貧
榮養)이라고 해도 과언이 아니다.

흙의 색이 하얀 것은 석영 모래 입자의 흰색 때문이다. 보기에는

아름다우나 영양분을 유지할 수 없다. 하얀 모래는 오래돼서 쓸모없게 된 흙의 마지막 모습이다. 수백만 년에 걸쳐서 풍화와 침식을 당해 점토는 유실되고 마침내 모래만이 남았다.

풍화가 심한 아프리카의 오래된 사막 흙조차 희지 않고 붉다. 붉은색은 산화철점토의 색으로, 모래 입자를 산화철점토가 코팅하고 있다. 그런데 태국 동북부의 사질토양에는 철마저 남지 않았다. 점토와 부식도 없기에 물과 양분을 충분히 유지할 수 없다. 일본을 떠나기 전에 읽은 태국 동북부의 어려운 실상을 기록한 보고서에는 농작물이 변변히 자라지 못하고 빈곤에 허덕이는 농민들의 모습이 적혀 있었다. 메마른 모래사장 상태의 흙을 보고, 그 내용을 이해할 수 있었다.

그런데 우기가 지나자 모래 위에 높이 2~3m의 사탕수수가 멋지게 자라났다. 농민들이 행복한 듯 나무 그늘에서 "사바이, 사바이(기분 좋다)"라고 말하며 편안히 쉬었다. 텔레비전이나 교과서가 집중적으로 소개하던 토양 열화(劣化)에 허덕이는 사람들의 모습은 어디로 갔을까? 그동안 내가 들은 이야기와 다르지 않은가?

태국 동북부에는 우기와 건기가 있고 우기에는 1,000mm 이상의 비가 내린다. 이것이 사하라사막과 다른 점이다. 양분이 적은 사질토양인데도 식물은 싱싱하다. '그렇다면……' 하며 나도 비료 없이 사탕수수를 재배해보았다. 사탕수수 줄기를 땅에 묻으면 줄기 마디에서 싹이 난다. 벼과 식물 특유의 영양 성장이다. 그러나 우기가 끝

나도 벼처럼 가느다란 줄기와 잎만 내밀었을 뿐 커지지는 않았다. 일본에서 토마토 하나 변변히 키우지 못하던 내가 세계에서 가장 빈영양인 사질토양에서 사탕수수를 제대로 키울 리 없었다.

사질토양에서는 비료를 주지 않으면 농작물이 거의 자라지 않는다. 점토질토양에서 무비료로 재배하는 것보다도 수확량이 훨씬 적다. 그렇다고 해도 화학비료는 비용이 들고 사탕수수 매매가격은 농민의 사정과 관계없이 국제 시장이 결정한다. 비료 투입이 많이 필요한 사질토양에서는 순이익이 적다. 그 결과 농민은 가난해진다. 정성껏 키운 사탕수수가 자기 입으로 들어가지 못하고 일본 등 선진국으로 보내진다. 농민들은 자급자족하지 못하고 수입은 국제 시장 가격에 휘둘리게 된다. 달콤한 사탕수수가 초래하는 현실은 씁쓸하다. 이렇게 흙을 직접 보고 농사를 경험해보고 나서야 비로소 열악한 토양에 허덕이는 태국 사람들의 모습이 선명하게 보였다. 정보를 효율적으로 제공해주는 텔레비전과 교과서에 고마움을 느끼면서도 삽으로 파 내려간 현실은 그렇게 단순하지 않다는 것을 알게 되었다. 여행을 계속해보자.

태국 동북부의 '미숙'토에는 충분한 비가 내리기 때문에 농업 자체는 이루어진다. 그러나 사구미숙토는 대개 농업에 적합하지 않다. 양분과 물을 유지할 수 없기 때문이다. 북미대륙의 사구지대에는 카지노가 들어서 있다. 유명한 예가 라스베이거스이다. 그 부근에 데스밸리라는 사구지대가 있는데, 미숙토가 보여주는 또 하나의 모습이다. 세계에는 농업이 불가능한 토양이 존재하며 그곳에서는 생활의 선택이 제한적이다.

골프장보다 적은 포드졸

태국에 들러 미숙토를 자세히 알게 되기는 했지만, 12개의 토양 중 아직 4개밖에 보지 못했다. 갈 길을 서두르자. 먼저 살펴볼 것은 포드졸이라는 빈영양의 사질토양이다. 핀란드인의 농담에 따르면, 포드졸은 바위와 습지가 펼쳐진 핀란드에까지 북상하지 않고 에스토니아를 고른 사람들이 생활하는 모래땅의 흙이다. 이는 과장된 표현으로, 포드졸은 북유럽에서 러시아에 걸쳐 있고 북미대륙 동해안에도 널리 분포한다.

포드졸이란 러시아어로 '재 같은 흙'을 의미한다. 러시아 농민이 밭을 일구려고 괭이를 땅속에 넣었더니 재같이 하얀 모래가 나온 데서 유래한다. 사질토양이라면 이미 태국 동북부에서도 보았지만 포드졸은 조금 다르다. 침엽수림(소나무나 가문비나무)의 뿌리나 미생물이 방출하는 유기산(구연산이나 사과산 등의 신맛 성분)에 의해 점토의 알루미늄이나 철 성분이 녹아 나오면, 모래만 남는다. 그 밑의 흙에서 유기산이 분해되면 알루미늄이나 철이 다시 분리되어 나와 적갈색 점토로 침착한다. 나는 교과서에 소개된 아름다운 색채 대비에 매료되었다(그림38). 단, 남겨진 모래는 산성토양이어서 농업에 적합하지 않다. 에스토니아와 러시아 농민도 실망했을 것이다. 보기에 아름다운 것과는 다르게 가시를 품고 있는 셈이다.

그림38 일본 고등학교 교과서에도 실린 포드졸(핀란드)

토양 분포를 나타내는 지도에 따르면 일본의 국토에서 포드졸의 면적은 2%를 차지한다. 참고로 일본의 골프장 면적은 0.7%다. 얼핏 적어 보이지만 가나가와현 면적(0.64%_역주)보다 크다. 산에서 흙을 파보면 골프장보다 3배나 높은 확률로 포드졸을 만나게 되는 셈이다.

일본 고등학교 지리 교과서에는 포드졸이 아한대 침엽수림(타이가라고 한다)에 전형적인 토양으로 소개되고, 홋카이도 전체가 포드졸 분포 지역을 나타내는 색으로 표시되어 있다. 그런데 실제로 홋카이도를 찾아가서 흙을 파보면 포드졸은 나오지 않는다(해안사구 일부 지역에는 있다). 홋카이도에서는 포드졸이 발달하기 전에 새롭게 화산재가 쌓여버리기 때문이다. 또 교토 북부의 삼나무 원생림이나

그림39 조사현장에서 발견한 포드졸들. 왼쪽은 사이타마현 치치부 지방이고, 오른쪽은 캐나다 퀘벡주이다.

사이타마현 치치부 지방의 고산대 침엽수림을 찾아가 보았는데 뒷 산의 젊은 토양에 가까웠다(그림39). 두꺼운 부엽토에서 스며 나오 는 갈색 산성 물질(풀브산)의 작용으로 희미하게 흰 모래층이 발달하 기는 해도 선명한 포드졸이 되려면 앞으로 수천 년이 걸릴 듯하다. 일본의 포드졸 면적은 골프장 면적보다 좁은 게 아닌지 의심스러워 진다.

포드졸을 찾아내지 못한 대신에 알게 된 사실이 하나 있다. 일본의 산에는 점성이 있는 산성의 젊은 토양이 많다는 것이다. 일본 흙의 30%를 차지한다. 뒷산에서도 보았는데 분명히 말해 아무런 재미도 없는 흙이다. 그렇다고 무시하면 안 된다. 일본인은 흙은 질척질척한 게 당연하다고 여기지만 이는 습윤하고 온난한 환경에서 나고 자란 사람에게만 허락되는 특권이다. 바위가 불거져 나온 북극권의 흙이 보여주듯이 물이 부족하면 암석 풍화가 억제되고 추우면 생물 활동도 둔해서 점토를 생성하는 화학반응이 더디게 진행된다. 반대로 지나치게 풍화해 모래만 남은 태국 동북부 같은 미숙토도 있다. 미완의 젊은 토양은 아직 드러나지 않은 재능(광물)을 그 속에 품고서 갈고 닦아 빛을 발할(점토와 양분을 생성할) 가능성도 있다. 온난하고 습윤한 기후에 맞게 생산성이 높은 흙이다. 농업 관계자에게는 다행스럽게도 일본에는 점토질인 젊은 토양이 많다. 이 사실이 포드졸을 찾아다니는 내게는 불운이었다.

매혹적인 포드졸을 찾아서

일본에서는 포드졸을 찾을 수 없어 진짜 포드졸을 보러 해외로 가기로 했다. 일본의 산에는 갈색삼림토뿐인데 세계로 눈을 돌리면 포드졸이 육지 면적의 4%를 차지하며 주요한 토양의 하나이다. 포드졸은 크리스마스트리에 흔히 사용되는 침엽수림에 전형적으로 나타나는 토양이라고 하는데 어쩐 일인지 북유럽과 북미 동해안에 집중되어 있다. 믿을 만하지 못한 지도에 따르면 미국 동해안의 뉴욕보다 북쪽에 위치한 대부분 지역이 포드졸로 되어 있다.

2007년 당시 나는 논문도 돈도 없는 대학원생이었는데, 뒷산 흙의 성분을 연구하는 젊은이에게 일본토양비료학회가 10만 엔의 경비를 내주었다. 이것이 연구를 시작하고 첫 10년 동안에 스스로 얻어낸 예산 총액이다. 나는 뉴욕의 저명한 연구자에게 연락을 취해 포드졸을 보여달라고 부탁했다. 결과는 흔쾌한 승낙. 그런데 너무 착착 진행된다는 느낌이 들었다. 찜찜한 예감이 적중해서 막상 가보니 상대는 장기 휴가를 떠나고 없었다. 포드졸을 보겠다는 수수한 아메리칸 드림을 이루려면 그대로 포기할 수는 없었다. 뉴욕은 포드졸의 남방한계이다. 센트럴파크의 공사 현장 아저씨들에게 부탁해서 흙을 구경했다.

"당신, 일본인이요? 그런데 양키스의 마쓰이 선수 부상은 괜찮은 거요?"

"몰라요. 그래도 고맙습니다"하며 메이저리그 최신 정보(2007년 당시)를 주고받으며 내가 보게 된 흙은 어디선가 옮겨온 공원 흙으로, 포드졸이 아니라 조성토라고 하는 미숙토의 일종이었다. 진짜 포드졸을 보려면 마을에서 떨어진 숲으로 들어가는 수밖에 없다.

8년 후 포드졸을 보기 위해 새로 찾아간 곳은 본고장인 캐나다 동

해안의 퀘벡주, 그리고 북유럽의 에스토니아다. 빙하 융해수가 옮겨 놓은 토사는 무게에 따라 나뉘어서 자갈, 모래, 점토 순으로 가벼운 것일수록 멀리까지 옮겨진다. 빙하에 가까웠던 캐나다 퀘벡주와 에스토니아에는 돌과 모래가 많이 퇴적했다(그림32. 77쪽). 그리고 거기에는 불평의 여지가 없는 진짜 포드졸이 있었다. 정작 보고 나니 허무하게 느껴질 정도로 단순한 모래였다(그림39. 92쪽). 다섯 번째 토양이다.

에스토니아의 소나무숲이 펼쳐지는 포드졸지대에는 송이버섯이 여기저기 나 있었다. 일본에서는 가족·형제에게조차 장소를 알려주지 않는다는 귀한 버섯이 아무렇게나 널려 있다. 송이버섯의 향기(마츠타케올)와 곰팡내의 원인 물질은 화학구조가 흡사해서 세계의 많은 사람이 곰팡내로 뭉뚱그려 말한다. 반면 일본인은 미묘한 차이를 구분해서 향기를 맡고 송이버섯을 '신격화'하고 있다. 일본인이 특이한 존재인 셈이다. 북유럽의 버섯은 송이버섯밥의 식자재로보다는 포드졸 발달에 한몫을 거들고 있다.

빙하가 남긴 모래는 양분이 부족해서 식물이 자라기에 혹독한 환경이다. 그래서 중개 역할을 하는 것이 버섯이다. 송이버섯 등 버섯류(외생균근균)는 포자를 날리는 번식기에만 말 그대로 '버섯(자실체)'을 만들며 평소에는 땅속에 균사를 온통 둘러치고 식물과 토양 간에 양분 교환을 촉진한다. 다른 미생물과 양분 쟁탈전을 피할 수 있는 효과는 도로망에서 말하는 우회도로의 역할과 유사하다. 버섯

그림40 소나무와 버섯과 흙의 연관. 버섯 균사가 인을 녹여내서 소나무에 전달한다.

은 뿌리 표면을 뒤덮듯이 붙어 있는 균사를 통해서 소나무로부터 당분을 받는다. 버섯은 그 답례로 흙으로부터 끌어모은 영양분을 건네준다. 흡수한 당분 일부를 유기산(주로 구연산)으로 전환해 균사로부터 방출해서 점토와 광물에 구속(흡착)되어 있는 인산 이온을 해방시킨다. 버섯은 균사를 통해 인을 흡수하고 그 일부를 소나무 뿌리에 전달한다. 공생이라는 이름의 '노동 계약'이다(그림40).

유기산에 녹은 점토는 알루미늄이나 철 이온이 되어 유기산과 함께 아래로 이동한다. 지표에는 유기산에 저항력이 강한 석영 모래 입자만 남는다. 유기산이 분해되면 잠에서 깨어난 알루미늄이나 철 이온은 다시 적갈색 점토로서 분리되어 나온다. 포드졸의 발달 반응은 빠른 편인데, 빠른 경우에는 수백 년에 새하얀 모래층이 생긴다. 흙이 열화(劣化)해졌다고 볼 수도 있지만, 소나무와 버섯의 공생이 만들어낸 예술이기도 하다. 반면 질척질척한 뒷산 흙에서는 핵심인 유기산이 점토에 붙들려버린다.[18] 이것이 빙하가 옮겨놓은 모래가 많이 있는 장소에 포드졸이 집중해 있는 이유이고 또 화산재나 점토가 많은 일본 흙에서 포드졸이 적은 이유이다.

일본으로 돌아가보자. 포드졸을 찾아서 마지막으로 간 곳은 도야마현 다테야마 산봉우리들. 내 고향이다. 천연기념물인 일본 뇌조가 서식하는 눈잣나무 관목림 아래서 간신히 포드졸을 발견했다. 초등학교 시절 소풍 가는 길에 지나쳤던 곳이었다. 세계 각지로 어렵사리 비행기를 타고 포드졸을 찾아다닌 지 15년 만에 실은 고향 근처에도 포드졸이 있었다는 사실을 알게 되었다. 뒷산을 살피기 전에 고향의 '흙'을 조사했어야 했다.

세계의 포드졸 대부분은 한랭지역에 위치하는 데다 토양도 산성 사질이어서 송이버섯을 재배할 수는 있어도 농업에는 적합하지 않다. 북유럽에서는 소나무와 버섯의 공생관계를 활용해 임업이 활발하다. 빙하가 깎아낸 평탄한 지형에서는 대형 기계도 사용하기 쉽다. 산성토양에 강한 블루베리도 특산물이다. 북미 동해안의 포드졸 지대에는 《빨간 머리 앤》의 무대인 프린스에드워드섬(캐나다)도 포함된다. 프린스에드워드섬의 붉은 사암에서 발달한 포드졸(92쪽 그림39의 캐나다 포드졸에 가깝다)도 빈영양이지만 강인한 감자의 대산지가 되었다. 감자 재배냐 임업이냐 양자택일을 해야 하는 빈영양인 토양이 바로 포드졸이다.

흙의 황제 체르노젬

빙하가 깎아낸 토사 중 무거운 모래는 포드졸 재료가 되었다. 그럼, 나머지 가벼운 토사는 어디로 갔을까?

빙하기는 춥고 건조한 기간과 온난하고 습윤한 기간이 차례로 반복된다. 식물이 적기 때문에 건조기에는 지면이 바람 침식(풍식)을 당하기 쉽다. 바람에 날아간 모래 먼지는 장대한 세계여행을 떠나게 된다.

예컨대 찰스 다윈은 사하라사막의 모래바람(하르마탄)이 감아올린 흙 입자가 바다 건너 머나먼 남미 아마존 열대우림까지 옮겨지는 모습을 기록했다.[19] 이제는 그 광경을 NASA가 촬영한 위성사진으로도 확인할 수 있다(그림41). 이를 통해, 우주를 이해하려는 것은 동시에 지구를 이해하는 것이기도 하다고 NASA에 대한 나의 견해를 바꾸었다.

여행하는 모래 먼지의 모습은 일본에서도 볼 수 있다. **황사**다. 몽

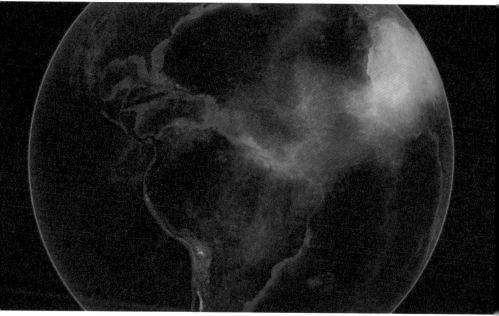

그림41 모래 먼지가 사하라사막으로부터 대서양을 건너 아마존에까지 이르는 모습. NASA 제공

골이나 타클라마칸사막, 고비사막에서 옮겨진 흙 입자는 중국의 황
투고원을 형성하고 황하를 누렇게 물들이며 그중 일부는 일본에까
지 건너와서 자동차 유리와 세탁물을 더럽힌다. 더 미세한 먼지는
태평양까지 닿아서 플랑크톤의 양분이 되어 참치를 길러낸다고 한
다.[20]

　수백만 년에 걸쳐서 북유럽에서 깎여나간 토사는 바람에 실려 머
나먼 동유럽 우크라이나, 러시아 남서부 부근에 퇴적했다. 북미에서

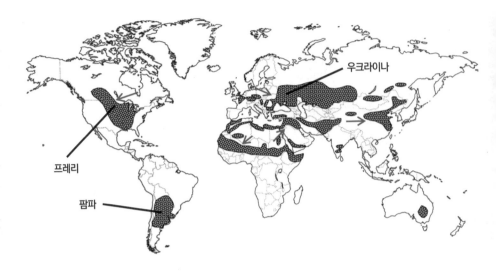

우크라이나

프레리

팜파

그림42 바람(빨간 화살표)에 의해 모래 먼지가 많이 퇴적한 장소. 비옥한 토양이 많다.

는 프레리(prairie)지대에 모래 먼지가 퇴적했다(그림42). 이윽고 기후가 온난해지자 초원에서 시작된 부식과 모래, 점토 등이 뒤섞여서 세계 유수의 비옥한 **체르노젬(흑토)**이 발달했다.

　일본의 고등학교 지리 교과서에는 러시아 남부에서 우크라이나, 헝가리까지 펼쳐지는 체르노젬, 캐나다와 미국 대평원에 걸쳐서 분포하는 프레리 토(土), 중국 동북부의 흑개토(黑鈣土), 아르헨티나의 팜파 토(土)처럼 각 지역명으로 분류되어 있다. 이들을 거칠게 나누면 모두 다 체르노젬으로, 초원 아래서 발달하는 검은 흙이다. 우리가 먹는 빵의 재료인 밀 대부분이 여기서 나고 있다.

일본에는 체르노젬이 없다. 그래서 프레리 북부의 캐나다 서스캐처원(Saskatchewan) 주를 찾아갔다. 들어본 적 없는 지명일지도 모르지만, 모른다고 해서 부끄러워할 필요는 없다. 이웃 나라 미국의 수재가 모여드는 매사추세츠공과대학에서도 이 지명이 알려지지 않았다는 사실이 캐나다의 인기 텔레비전 프로그램 조사를 통해 확인되었다. 프로그램의 질문자가 '서스캐처원주의 바다표범이 줄어드는 현상에 대해 어떻게 생각하는가'라고 묻자 대부분 사람이 '문제라고 생각한다'고 대답했다. 서스캐처원주는 육지에 둘러싸여 있다. 서스캐처원주는 낮은 지명도 때문에 일약 유명해졌지만, 원래는 전 세계 칼륨비료의 30%를 생산한다는 사실로 알려져야 할 곳이다. 일본의 칼륨비료도 대부분 이 지역에서 오고 있다.

$140km$ 곧게 뻗은 시골길에는 한가로운 목초지와 밀밭, 유채밭이 끝없이 이어진다. 그 아래에 예상대로 부식층의 두꺼운 흑토가 있다(그림43). 초원의 뿌리들이 빼곡하게 온통 둘러치고 있다. 육지 면적의 7%를 차지하는 만큼 프레리 어느 곳을 파도 체르노젬이다. 부러울 따름이다.

같은 검은 색이라도 일본의 검은 흙이나 이탄토와는 다르고 상당히 무겁다. 그도 그럴 것이 체르노젬은 부식이 점토나 모래 입자의 표면을 뒤덮듯이 붙어 있다. 부식과 점토와 모래도 균형 있게 배합되어 있다. 지표는 산성도 알칼리성도 아닌 중성이다. 흙은 비가 많으면 산성으로, 비가 적으면 알칼리성으로 치우치기 쉽다. 산성도

그림43 목초지와 체르노젬(캐나다 서스캐처원주)

알칼리성도 아닌 흙은 세계적으로 그렇게 많지 않다.[21] 이는 작은
기적이다.

흙을 일구는 지렁이와 땅다람쥐

체르노젬의 비옥한 부식층은 어떻게 발달할까?

세계에서 가장 비옥한 흙이 형성되는 구조를 이해하면 다른 흙을
개량하는 힌트가 될 것이다. 그래서 나는 식물유체를 흙에 뿌리고

부식이 되기까지를 관찰하는 연구를 공동 진행하자고 캐나다의 건조지농업연구소에 의뢰하기로 했다. 교수라면 몰라도 당시 나는 서른도 안 된 포닥(포스트 닥터post doctor의 약어. 박사 후 비상근 연구원) 신분으로, 사회적인 입지가 없었다. 함께 의뢰해주기로 한 서스캐처원대학의 명예교수는 반려묘의 건강이 나빠졌다며 빠지고 말았다. 이메일에는 'Good luck!(행운을 비네!)'이라고 씌어 있었다.

나는 정면승부하기로 했다. 직접 캐나다 건조지농업연구소를 찾아간 것이다. 면접을 보는 듯한 회의실 탁자를 사이에 두고 일본인 포닥 한 명이 슈퍼헤비급보다 덩치가 큰 연구자들에게 연구 내용을 설명하는 상황이었다. '식물유체를 spray(산포)하고 싶다'라는 내 미심쩍은 영어에 연구자들의 표정이 점점 어두워지기 시작했다. 나는 바로 그 타이밍에 준비해간 선물인 일본 청주를 선물했다. 흙을 연구하는 나다(灘: 효고현 남동부에 위치하며 일본을 대표하는 술 생산지_역주)의 주조 장인인 혼다 다케요시 씨에게 받은 명품 청주 '아키쓰(秋津)'였다.

그리고 내가 가까스로 빈터를 구해 spray(산포)를 실연해 보이자 연구자들은 그런 정도였냐는 듯 어이없어했다. 헬리콥터로 식물유체를 흩뿌리는 실험이라도 하는 줄 오해한 듯했다. 대륙과 섬나라는 규모에 대한 감각이 완전히 다른 것이다. 어쨌든 마침내 나는 그들과 공동연구를 하게 되었다. 빠른 연구 성과가 나기를 요구받는 포닥으로서는 용기가 필요한 5년간의 장기 실험이 시작된 것이다.

이 과정에서 알게 된 사실은 여름에 건조한 프레리지대에서는 식물유체가 분해되기 어렵고 부식으로서 안정화하는 비율이 높다는 것이다. 일본에서는 무더운 여름에 미생물 분해 활동이 정점을 맞이한다. 음식이 썩기 쉬운 이유이기도 하다. 반면 캐나다 프레리지대에서는 춥고 긴 겨울과 건조하고 짧은 여름밖에 없어서 미생물이 식물유체를 충분히 분해할 기회가 없다. 5년이 걸려도 옥수수잎은 절반밖에 없어지지 않는다. 그러는 사이에 지렁이가 식물유체와 흙을 통째로 먹고 똥을 누면 이 때문에 부식과 점토의 단결력이 높아져 동글동글한 덩어리가 된다(그림12. 32쪽). 통기성과 배수성도 뛰어난 흙이 되는 것이다.

그뿐만이 아니다. 프레리지대에서는 프레리도그와 땅다람쥐 집이 여기저기 있다. 문득 얼굴을 내미는 땅다람쥐가 귀여워서 한참을 들여다보다가 주위를 둘러보니 땅다람쥐투성이였다(그림44). 내 도시락을 노리고 온 것이다. 바나나를 사

그림44 땅다람쥐 집. 호시탐탐 내 샌드위치를 노리고 있다.

그림45 포플러 숲(캐나다 서스캐처원주)

수하긴 했어도 사과와 샌드위치를 빼앗기고 말았다. 지금쯤 똥이 되어 체르노젬의 거름이 되어 있을 것이다. 프레리도그와 땅다람쥐는 일본에 흔한 두더지처럼 흙 속에 집(터널)을 짓는다. 파내 올린 흙더미는 10년 정도 걸쳐서 지름 12m, 높이 1m까지 커진다.[22] 겨우 300g인 땅다람쥐 한 마리가 1년간 1∼4t의 흙을 옮기는 위대한 일을 해낸다. 땅다람쥐 한 마리라도 꾸준히 2,500∼1만 년이면 1ha의 흙을 일굴 수 있다. 위아래 흙이 뒤섞이면 땅속 깊이까지 부식이 있는 비옥한 흙이 된다. 바람에 실려 와 퇴적한 고운 모래 먼지, 초원의 뿌리, 여름에 건조한 기후, 지렁이와 땅다람쥐까지, 세계에서 가장 비옥한 체르노젬이 생성될 조건은 적지 않았다. 비옥한 흙을 만드는 것은 간단한 일이 아니었다.

12종류의 흙을 찾아다니는 여행은 이제 반환점인 여섯 번째까지 왔다. 이제 여섯 개가 남았다.

핫케이크 세트를 지탱하는 점토집적토양

북미대륙의 프레리에 펼쳐진 체르노젬지대를 벗어나 북쪽으로 가면 공기와 흙도 습기를 머금기 시작하고, 이윽고 숲속 나무들이 자라기 시작한다(그림45). 가로수로도 친숙한 포플러와 자작나무, 단풍나무 등 잎이 큰 식물들이다. 단풍나무 수액을 짜내면 메이플시럽이 된다. 숲속은 밝고 고원의 자연공원 같은 분위기다. 나뭇잎 사이로 내비치는 햇빛을 받으며 지면에는 풀이 무성하게 자란다. 모기도 거의 없어, 내가 연구하는 뒷산과는 큰 차이가 있다. 그 아래 형성되는 것이 일곱 번째 토양인 **점토집적토양**이다.

강수량이 많아 숲이 형성되는 환경으로 변하면 흙도 조금씩 산성으로 기운다. 중성이었던 체르노젬에서 젊은 토양이나 포드졸 같은

그림46 점토집적토양. 점토가 달라붙은 흙 표면이 반질반질 윤이 난다.

산성토양에 가까워진다. 농지의 흙이라면 열화(劣化)했다고 볼 수
도 있지만, 숲의 생물 활동이 활발해지고 풍화를 촉진하게 되었다는
신호이다. 흙이 '열화(劣化)'하는 도중 단계에서는 지표의 점토 입
자가 빗물을 따라 아래로 흘러내린다. 점토집적토양은 모래가 많은
지표와 점토가 많은 하층토라는 이층구조를 띤다. 약간 산성인 것이

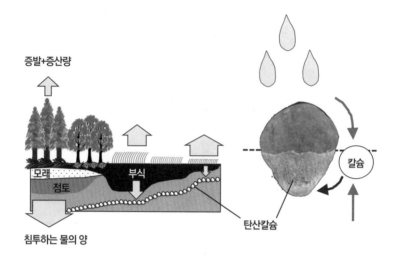

그림47 [왼쪽]삼림지대에서 온난한 프레리지대로 이동하면서 물의 증발·증산량이 증가하고, 침투하는 물의 양이 감소한다. [오른쪽]물의 침투와 지하수 상승의 평형지점에서 탄산칼슘이 집적한다. 돌의 바닥 쪽에 많다.

옥에 티지만 하층의 흙은 여전히 비옥하다. 그래서 땅을 갈아서 뒤섞으면 풍요로운 목초지나 밀밭으로 탈바꿈해서 우리에게 유제품이나 빵을 제공해준다. 체르노젬과 함께 중요한 '아침밥 토양'이다. 점토집적토양에는 체르노젬보다 수분이 많이 있다. 그럼, 비옥한 흙은 어떻게 발달하는 걸까?

하나의 흙에 극단적인 이층 구조가 형성되는 것은 물의 작용과 관련이 있다.

비가 내리면 빗물이 흙 속을 통과해서 지하수가 된다. 바위에서 녹아 나온 나트륨이나 칼슘은 강을 흘러 바다로 옮겨진다. 이것이 일본인의 상식이다. 그런데 건조지에서는 수분 증발이나 식물 뿌리가 수분을 빨아올리는 증산작용으로 인해 아래에서 위로 지하수를 끌어올리는 힘이 강하게 작용한다(그림47 왼쪽). 그러면 특히 칼슘을 많이 함유한 물이 토양 속을 위아래로 왔다 갔다 하며 우왕좌왕하게 된다.

물이 안정된 곳에서 뿌리나 미생물이 내뿜는 따뜻한 공기(이산화탄소)에서 녹아 나온 탄산과 결합하면 탄산칼슘($CaCO_3$, 석회암이나 분필과 같은 성분)이 되어 침전한다. 체르노젬에 묻혀 있는 돌멩이를 뒤집어보면 하얀 탄산칼슘이 붙어 있다(그림47 오른쪽). 점토집적토양에서는 이 칼슘이 지표에서 씻겨 내려와 하층토에 집적한다. 이렇게 해서 지표는 약산성, 하층토는 알칼리성의 어정쩡한 흙이 된다.

이 모호한 특성은 점토 입자의 행동에도 전염된다. 점토의 행동은 어떤 면에서 '인간적'인데, 입자끼리 서로 끌어당기기도 하고 전기(높은 자존심)가 서로 반발해서 분산하기도 한다. 칼슘(선배)이 많은 조건에서는 점토 입자들이 전기 옷(자기주장)을 억누르고 단결하지만, 칼슘이 지표로부터 없어지면(졸업하면) 점토 입자끼리 전기 옷(세력범위)을 넓히려고 서로 반발하게 된다(그림48). 그러면 단결했던 흙의 구조가 무너진다. 이것이 지표로부터 점토가 없어지는 구조이다. 하층토에 다다른 점토들은 칼슘(선배) 앞에 다시 단결한다. 탁한 강물이 바다로 흘러 들어가자마자 침강하는 현상도 유사한 원리다.

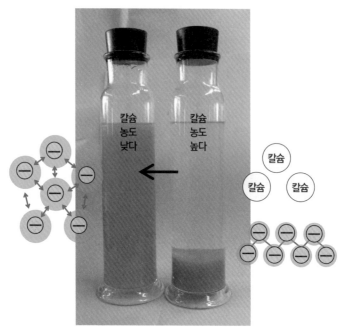

그림48 칼슘 농도가 높은 상태(오른쪽)에서 칼슘을 제거하면 점토가 분산되기 시작한다(왼쪽).

점토집적토양은 아열대·열대에도 있다. 이는 아카시아와 바오밥 나무가 여기저기 흩어져 있는 삼림 사바나로, 사파리 공원이 그곳이다. 우기와 건기를 지닌 몬순기후나 지중해성 기후에 많다. 흙이 어정쩡하면 기후도 어중간하다. 아프리카라면 사막과 열대우림 사이, 정확히 나이지리아 부근에 얌벨트라고 일컫는 얌감자(마, 참마류) 재배가 활발한 지역이 있다. 점토집적토양을 갈아서 '성토(흙을 쌓아 올림_역주)'하면 통기성과 배수성이 좋은 흙으로 바뀐다(그림49 왼쪽).

그림49 아프리카에서 얌감자를 재배하기 위해 성토하는 모습(왼쪽)과 프랑스 포도주 농장의 붉은 흙(오른쪽)

고등학교 지리 시간에 '테라로사(terra rossa, 붉은 흙)', '테라록사(terra roxa, 적자색 흙)'라는 비슷한 흙 이름을 이유도 모른 채 무조건 외웠던 사람도 있을지 모르겠다. 비슷한 발음의 봉골레 로소라는 파스타 이름까지 뒤섞여서 머릿속이 혼란스러울 수 있을 것이다. 이는 전부 색에 근거해 현지 언어로 이름 붙인 것이다. 테라로사는 남유럽의 포도주용 포도와 올리브 재배가 활발한 붉은 흙이고(그림49 오른쪽), 테라록사는 브라질의 커피 재배가 한창인 적자색 흙, 그리고 봉골레 로소는 토마토소스를 넣은 조개 파스타이다. 흙이 붉은 것은 산화철점토의 영향 때문이다. 이들 흙은 모두 우리 생활에 관여하는 비옥한 흙인데, 12종류로 분류한다면 모두 같은 점토집적토양이다.

점토집적토양은 육지 면적의 10%를 차지하며 세계 인구의 17%가 생활하고 있다. 점토집적토양은 커피, 유제품(우유·버터), 밀, 메이플시럽 등의 핫케이크 세트를 만들어낼 뿐 아니라 포도주와 얌감자의 대산지를 지탱하는, 체르노젬 못지않게 농업에 적합한 흙이다.

균열점토질토양과 고급 자동차

프레리지대에서는 토양의 종류에 의해 토지를 이용하는 방법이 확실하게 나뉜다. 사구지대는 방목지이거나 카지노리조트, 점토질 토양은 농경지가 된다. 전자가 미숙토라면 후자의 토양 대부분은 비옥한 체르노젬이다. 그중에서도 대단히 평탄한 지형 일대에 유달리 고급 자동차를 타고 다니는 농촌 지역이 있다. 한때는 호수의 밑바닥이었던 곳이다. 그 근방에 가보니 흙은 균열투성이였다. 농부들은 트랙터가 땅이 갈라진 틈새에 끼면 큰일이라고 호소했다(그림50).

실제로 흙을 파보려고 하니 삽날이 겉돌았다. 균열이 생기는 것은 점토가 많은 흙의 특징이다. 이 흙 속 점토의 비중은 60%나 되었다.[23] 내가 연구하던 질척질척한 뒷산 흙도 30%였는데, 그 두 배다. 점토질토양은 물과 양분이 많이 들어 있다. 그만큼 비료와 스프링클러 비용이 적게 든다. 이 비옥한 흙을 **균열점토질토양**이라고 한다(그림50). 여덟 번째 토양이다.

그림50 균열점토질토양. 건조하면 땅이 갈라진다(캐나다 서스캐처원주).

이곳에서는 밀, 유채, 목초를 차례로 재배(윤작)하고 있는데 수확량이 매우 많다. 이곳 주민들이 고급차를 탈 수 있는(순이익이 많은) 이유는 비료나 물 관리에 드는 비용보다 수확량이 더 많기 때문이다. 땅이 비옥하고 수확양이 많은 정도로 고급차를 탈 수 있냐고 의문을 품을 수도 있지만, 캐나다의 프레리지대에서는 한 농가가 6,000*ha*의 농장을 보유하고 있다. 단위면적 당 순이익은 미미해도 최종적인 차이는 크게 벌어진다.

점토의 성질을 조사해보면 스멕타이트라는 신축하는 점토가 많다. 지사제(설사약)에 쓰이는 점토다. 비가 내리면 점토의 구조 내부에 물분자를 집어넣어 팽윤하고, 건조해지면 수축한다(그림17. 43쪽).
점토 입자는 2마이크로미터도 안 되지만 무수한 점토 입자가 모여
서 흙을 이루고 있다. 점토 알갱이 하나하나가 수축하면 토양 자체
의 체적이 달라진다. 이것이 땅이 갈라지는 원인이다. 땅이 갈라지
면 지표에서 식물유체와 점토가 굴러 들어가고 하층 흙까지 비옥해
진다. 농부들은 트랙터가 땅이 갈라진 틈새에 낀다고 호소하지만,
이점도 많다.

비가 내려 다시 스멕타이트가 팽윤하면 거기에는 위에서 떨어진
흙이 자리한다. '의자 뺏기' 게임에서 마지막 한 공간을 서로 차지하
려고 경합하듯이 원래 있었던 흙과 위에서 떨어진 흙이 서로 밀치
락달치락한다. 갈 데 없는 압력은 위로 향한다. 밀고 밀리던 두 개의
흙바닥 중 어느 한쪽이 쑥 위로 밀린다. 그러면 땅 위에 작은 요철이
생기고 비가 내리면 물웅덩이가 된다.

오스트레일리아의 마른 초원에 흩어져 있는 물웅덩이는 캥거루
의 귀중한 식수원이 된다. 균열점토질토양은 한때 호수 바닥이었던
지역이나 현무암지대에 많다. 스멕타이트는 일본의 논에도 많은 점
토인데, 어지간히 건조하지 않으면 땅이 갈라지지 않는다. 현무암과
건조한 기후, 두 가지 조건을 충족하는 것이 인도이다.

과거에 존재했던 초대륙 곤드와나(오늘날 아프리카·남미·오스트레일
리아·마다가스카르·인도의 집합체였다)를 이탈해서 단독으로 표류한 인
도 아대륙(亞大陸)은 인도양을 북상해 유라시아 대륙과 충돌했다.

도중에 공룡이 멸종하게 된 한 원인으로도 일컬어지는 현무암질 마그마(super hot plume)가 분출하여 거대한 용암대지가 형성되었다. 현재의 데칸고원이다. 이곳에는 대륙이 충돌하여 융기(육지면이 올라감)한 히말라야산맥으로부터 마른 바람(몬순)이 불어와서 균열점토질토양이 발달하기 좋은 건조 조건도 갖추어졌다. 이곳은 인도 목화(cotton)의 대산지로, 흑색면화토라고 부르기도 한다. 기계화가 발달한 캐나다라면 별로 고역이 아닌 균열점토질토양이지만, 이곳의 건조한 흙은 딱딱하게 굳어서 갈고 닦으려 해도 인력으로는 당해낼 재간이 없다. 이것이 인도에서 소를 귀하게 여기는, 종교 외의 이유이다.

이 비옥한 흙은 세계 육지 면적의 2%밖에 없다. 내가 조사했던 캐나다 프레리지대에도 그렇게 많지 않고, 주로 인도의 데칸고원이나 에티오피아고원의 현무암지대, 오스트레일리아에 편재한다. 체르노젬과 마찬가지로 비옥한 흙이 나올 수 있는 조건은 까다롭다.

짠 사막토

체르노젬과 균열점토질토양도 건조한 초원 흙이지만, 더 건조한 흙이면 풀 길이가 짧아지고 염분이 많은 토양에서도 자라는 야생보리나 퉁퉁마디(함초_역주)가 출현한다. 결국에는 식물이 드문드문

그림51 사막토(중국 둔황)

자라는 황량한 토지가 된다. 연중 9개월 이상 흙이 메마르고 식물이
거의 자랄 수 없는 건조한 땅을 통틀어서 **사막토**라고 부른다(그림51).

　여러 지역의 토양을 엉성하게 한데 묶는 게 현지에 사는 사람들
에게는 실례일지도 모르겠다. 그렇기는 해도 농업을 하기에는 비가
적어 관개가 필요하다는 점은 일치한다. 사막의 오아시스 주위나 거
대한 스프링클러에서 뿌려지는 물이 닿는 원둘레 안쪽만 녹색 섬이
된다. 사우디아라비아의 오아시스농업에서는 대추야자가 재배되어

오코노미야키 소스를 만드는 재료가 된다. 이것이 사막토와 일본이 이어지는 하나의 예다.

일본에는 사막토가 없다. 일본에서는 일조시간과 과도한 습도가 농작물 생육에 악영향을 끼치기는 하지만 물 부족이 원인인 흉작은 좀처럼 일어나지 않는다. 삼림이 국토의 70%를 차지하는 것도 일본의 기후가 습윤하기 때문이다. 예외적으로 '도쿄사막'이라는 은유가 있지만 여기서 결핍된 것은 마음의 여유이지 물이 아니다.

건조지에서는 매월 강수량보다 증발되거나 식물이 증산하는 물의 양이 더 많다. 그러면 지하수가 모세관 현상으로 올라가기 시작한다. 건조지의 지하수는 염화나트륨(소금) 같이 짠 염분이 많이 함유되어 있어서 지표면에서 물이 증발하면 염분을 선물로 남긴다(그림52). 캐나다의 건조지대에서 소금이 석출(액체에서 고체가 분리되어 나옴_역주)된 흙을 핥아보았는데 확실히 짰다. 나중에 배앓이까지 했다. 아마도 소금 때문에 앓은 것이 아니라 세균이나 여행 피로 때문이었을 것이다. 어쨌든 흙은 갈고 닦을 것이지 핥아먹을 것은 아니다. 아홉 번째 사막토는 스모 씨름판처럼 온통 소금이 퍼져 있었다(그림52).

염류가 집적된 토양에서 식물은 수분 결핍 스트레스를 받는다. 민달팽이가 물을 빼앗기는 원리와 같다. 일본의 과수원에서는 약간의 수분 스트레스가 가해지면 사과의 산미가 짙어져서 맛있어진다고 하지만 건조지의 수분 스트레스는 사활이 걸린 문제이다. 물을

그림52 염류가 집적한 사막토(캐나다 서스캐처원주). 희끗희끗한 것이 소금 같은 염화나트륨

흡수하지 못하면 식물은 시들어버린다. 이것을 염해라고 한다.

사막토의 또 다른 문제는 점토이다. 짠 흙 속에서 마이너스 전하를 띤 점토 입자는 플러스 전하를 띤 나트륨이온(Na^+)을 끌어당긴다. 나트륨은 물속에서 이온이 되면 많은 물분자에 둘러싸인다(수화水和라고 한다). 이 나트륨이온에 둘러싸인 점토 입자는 플러스 전하의 두꺼운 옷을 입게 되어(세력범위를 넓힌 상태) 점토 입자끼리 반발한다. 그러면 단결력을 잃어 버석버석한 점토가 된다. 이것을 다시 건조하면 딱딱한 흙(크러스트)이 되어버린다. 요컨대 소금을 뿌리면 흙은 단단해진다. 결국 공기와 물이 들어갈 공간이 무너져서 식물

뿌리도 깊이 들어가지 못하게 되고, 생산력이 떨어진다. 건조지에서는 점토가 적이 되는 경우마저 있다. 사막토에서 염류가 집적한 것은 관개농업에 의존한 고대문명(메소포타미아문명과 인더스문명)이 파탄하는 요인이 되었다고까지 이야기한다.

관개가 없는 사막토에서는 농업이 불가능하므로 남은 선택지는 방목뿐이다. 계절적으로 내리는 비로 무성해진 초지 이곳저곳으로 소, 말, 낙타, 양, 염소 등 가축을 데리고 다니게 된다. 기마민족을 이끌며 유라시아에 거대한 제국을 이룬 '푸른 늑대' 칭기즈칸과 카라반의 낙타행렬이 다니던 실크로드가 그런 곳이다. 가축에게 얻는 우유와 고기가 생활 기반이 된다.

사막토나 염류집적이 먼 나라의 이야기인 듯하지만, 우리 가까이에도 있다. 바로 비닐하우스다. 대량의 비료를 뿌려 채소를 거두는 온실재배에서는 물의 증발이 빠르다. 그러면 토양의 염류집적이 문제가 된다. 염류를 제거하는 데 돈이 들어가면 소비자가 구매하는 채소 값에 반영되어 돌아온다.

짠 사막토지만, 물만 주면 비옥한 흙으로 변모하는 것도 있다. 같은 건조지 출신의 흙에는 체르노젬과 균열점토질토양도 있다. 살짝 지르퉁해 있을 뿐, 의욕을 북돋워주면 능력을 꽃피울 수 있다. 사막토는 가능성과 위험을 동시에 지니고 있다.

배고픈 오랑우탄과 강풍화된 적황색토

이번에는 열대우림으로 눈을 돌려보자. 강수량이 많고 기온도 높다. 이는 식물생산에 이상적인 조건이다. 지상 식물의 양에 관한 한 열대우림을 만드는 흙이 세계에서 가장 생산성이 높다고 해도 과언이 아니다. 인구증가가 두드러진 열대의 흙이 비옥하다고 생각하면 이해하기 쉽다.

녹색이 풍부한 열대우림과 하이비스커스 꽃처럼 붉은 토양은 색이 선명한 대조를 이루어 이국적으로 느껴진다. 그런데 적색토라면 일본 도쿄도 내에도 있다. 바로 바다 위 오가사와라제도에 있다. 아열대 해양 섬에서는 일본에서 질리도록 본 흑토나 갈색삼림토와는 색다른, 붉은 흙을 볼 수 있다. 검은 부식층이 얇고 산화철점토(헤마타이트)의 색상이 선명하다(그림53 왼쪽). 토양의 재료가 된 용암에는 철이 많이 들어 있고 온난·건조 조건이 심해질수록 산화철점토는 더욱 붉어진다.

그러나 일본에서는 오가사와라의 붉은 흙이라고 말해도 뒷산에서 보았던 젊은 토양의 한 종류에 불과하다. 일본열도는 지형이 가파르고 험하며 융기도 활발해서 언제나 새로운 암석이 토양에 공급된다.

이에 반해 미국 남동부의 노스캐롤라이나주에서는 히말라야 급이었던 애팔래치아산맥이 침식되어 완만한 구릉지대가 될 정도의

그림53 오가사와라제도의 젊은 토양(적색토)(왼쪽). 미국 노스캐롤라이나주의 강풍화된 적황색토(오른쪽).

유구한 시간 속에서 토양이 발달했다. 심한 풍화작용을 받은 끝에 **강풍화(強風化)된 적황색토**가 된다(그림54 오른쪽 아래). 열 번째 토양이다.

　이곳의 흙은 오가사와라의 붉은 흙과 다르고 지표가 새하얗다. 오랜 시간에 걸쳐서 점토가 아래로 흘러내리고 지표에는 흰 모래만 남아 있다. 인간에 비유하자면 백발인 셈이다. 점토는 하층으로 이동해서 집적된다.

　똑같이 강풍화된 적황색토는 동남아시아에도 많다. 내가 찾아간 곳은 적도 바로 아래 보르네오섬(인도네시아)에 펼쳐져 있는, 아니 가

그림54 인도네시아 보르네오섬의 열대우림과 강풍화된 적황색토. 흙은 깊다.

까스로 남아 있는 열대우림이다. 키가 $60m$나 되는 이엽시과와 두리오(두리안) 나무들이 신주쿠 고층빌딩처럼 솟아 있었다. 오가사와라처럼 섬이긴 하지만, 말레이반도와 인도네시아 섬들은 원래 연결된 육지였다(순다랜드라고 한다). 빙하기와 대륙 간 분단을 경험하면서도 이곳 흙은 수천만 년에 걸쳐 열대우림을 지탱해왔다. 아시아에서는 오래된 지질의 섬이다.

열대우림에서 흙을 조사하는 일은 꽤 어렵다. 아침에는 비구름과 안개에 싸인다. 현지 연구자들은 비가 그칠 때까지 기다리자고 한다. 왠지 일본보다 인도네시아에서 더 유명한 이쓰와 마유미(일본의 여성 싱어송라이터_역주)의 노래 〈마음의 친구〉를 함께 부르며 날이 개기를 기다린다. 낮이 되자 적도 바로 아래의 햇살이 가차 없이 내리쬔다. 그러면 저녁까지 기다리자고 한다. 땅거미가 질 즈음 조사하자고 하니 이제 슬슬 먹감으러 가잔다. 스콜도 퍼붓기 시작했다. 일이 진척되지 않은 채 두리안을 먹으면서 저물녘을 보내고 있으려니 일본인은 너무 근면한지도 모르겠다고 생각하게 된다.

열대우림을 설명한 책들을 보면 거의 빠짐없이 풍부한 숲 아래의 토양이 얇고 취약해서 벌채하면 불모화한다고 쓰여 있다. 그러나 적어도 내가 조사한 바에 따르면, 열대토양이 얇다는 것은 낙엽층이나 부식층에 한정된 이야기이고, 흙 자체는 깊다.

일본의 산은 $1m$쯤 흙을 파 내려가면 암석면에 도달하지만, 열대우림에서는 수십 미터 깊이까지 흙이 계속된다(그림54). 고온 다습

한 열대우림에서는 활발한 생물 활동이 암석의 풍화를 가속하기 때문이다.

거대한 나무는 대량의 영양분을 흡수하기 위해 흙으로 다량의 산(수소이온)을 방출한다. 흙만으로 부족하면 바위도 녹인다. 1년에 두께 0.3mm의 흙이 생성된다는 계산이다.[24] 이것은 일본의 3배, 세계 평균의 5배이다.

결과적으로 땅속 깊이까지 풍화한 토양이 남는다. 풍화는 점토를 만들어내는 어머니 같은 면을 지녔지만, 정도가 지나치면 흙으로부터 영양분을 앗아가는 저승사자가 된다. 적당한 일은 보람과 성취감을 가져다주지만, 지나치게 뚝심을 부리면 과로로 이어지는 것과 비슷하다.

과도한 풍화로 인해 강풍화된 적황색토가 펼쳐진 보르네오섬은 영양이 풍부한 흙이 있는 수마트라섬보다 숲의 과일 생산량이 적고, 이를 식량으로 삼는 오랑우탄은 몸집이 한층 작다.[25] 100억 명은 고사하고 수가 훨씬 적은 오랑우탄조차 배불리 먹이지 못한다. 실망이다.

채소가 없다

인도네시아에서 흙을 파고 있으면 말라리아나 뎅기열을 옮기는 모기만 몰려드는 게 아니다. 일본인이 땀투성이가 되어 흙을 파고

있으니 금맥이라도 있나 싶어 머리를 굴린 현지인들이 모여든다. 물론 좀더 현명한 사람들은 진흙투성이 젊은이가 금과는 관련이 없다는 것을 금세 알아차리고 가버린다.

공항에서 출국 절차를 밟을 때도 나는 늘 이런 질문을 받는다.

"일본에는 흙이 없나? 이 흙은 금이 아닌가?"

사람들이 의심하는 것도 무리는 아니다. 열대토양은 적색과 황색이 선명하고 반짝인다. 부식이 적고 흙의 입자를 코팅한 점토가 빛나기 때문이다.

열대우림에서는 낙엽과 말라죽은 뿌리가 토양으로 공급되는 양이 많다. 그러나 미생물(특히 버섯)의 분해능력이 온대 숲보다 월등히 올라가기 때문에 낙엽이나 부식은 신속하게 분해된다. 결과적으로 부식이 축적되기 어렵다. 그래서 엘니뇨나 몬순의 영향으로 계절적으로 건조해지면 점토 입자가 접착제가 되는 부식과 물의 작용이 약해진다. 백사장에서 모래산이 수분을 잃으면 무너지는 것과 같은 구조다.

거기에 다시 비가 오면 마이너스 전하가 큰 버미큘라이트나 운모 같은 점토 입자끼리 싸워 분산되어 흘러내린다. 이윽고 물의 흐름이 안정되면 시트 구조를 지닌 점토 입자들이 사이좋게 겹쳐 흙 입자를 덮고 반짝인다. 점토집적토양과 같은 원리다. 점토는 화장품(매니큐어의 펄 색채)으로 여성을 빛내주지만 강풍화된 적황색토나 점토집적토양을 빛나게 하는 것이 이 토양 본연의 업무다.

체르노젬이나 점토집적토양과 비교하면, 강풍화된 적황색토는 부식과 점토가 적은 산성의 지표를 지닌 메마른 토양으로 평가된다. 가장 큰 문제는 산성토양에는 식물 뿌리에 해로운 알루미늄이온(Al^{3+}, 산성이고 쉽게 용해된다)이 많다는 것이다. 수목은 뿌리에서 유기산을 방출함으로써 알루미늄이온을 붙잡아 무독화할 수 있다. 그러나 건조지에서 태어난 농작물 대부분(밀, 옥수수)은 본 적도 없는 알루미늄이온을 처리하는 능력이 별로 없다. 동남아시아의 열대우림은 지구상에서 식물 생산력이 가장 높은 곳이지만, 이는 산성토양을 좋아하는 나무에는 적합해도 농작물 재배에는 혹독한 환경이다.

물론 현지 농가는 단념하지 않았다. 메마른 토양에서 필사적으로 영양분을 모은 수목은 인간에게는 쓰기 좋은 '비료'다. 벌채한 나무들을 태우면 알칼리성 초목탄이 되고 이것으로 산성토양을 중화할 수 있다. 이 화전농업으로 벼농사나 감자 경작이 가능해진다. 숲에는 두리안, 망고, 바나나, 파파야 등 열대과일도 풍부하다. 돼지고기 생강간장구이나 카레라이스에 빼놓을 수 없는 생강이나 강황이 자라고 있다. 동남아시아 열대우림에 서식하는 꿩 종류(적색야계)에 기원을 둔 토종닭고기 데리야키도 맛있다.

이에 반해 채소가 적은 데 대해서는 입이 다물어진다.[26] 보르네오섬 서민들의 식탁에는 기껏해야 당근, 오이, 토마토가 오르는 정도이고 그것도 이웃 자바섬의 고원지대에서 재배된 것이다(그림55). 습윤한 열대 환경에서는 채소가 병들기 쉽고 부식이나 영양분이 부

그림55 자바섬(인도네시아) 고원지대에서 당근을 재배하는 계단식 밭

족한 산성토양은 채소 재배에 적합하지 않기 때문이다. 열대 저지대
의 강풍화된 적황색토의 냉엄한 현실이다.

환상의 벽돌토양

이제 두 개의 토양이 남았다. 열대우림에는 강풍화된 적황색토
보다 더 심하게 풍화한 붉은 흙이 있다. 이는 옥시졸(산화물oxi + 토양

sol)이라는 것으로 모든 영양분이 사라지고 마침내 알루미늄이온과 산화철점토만 남아 있는 흙이다(그림56).

예전 지리 교과서를 보면, 열대우림에서는 혹독한 스콜에 의해 흙이 풍화하면 벽돌 같은 토양인 '라테라이트'(라토졸, 벽돌토양이라는 뜻)가 된다고 쓰여 있었다. 세계 토양지도에는 동남아시아와 아프리카, 남미 등 열대우림지대가 모두 붉은 라테라이트로 표시되어 있다. 열대우림을 벌채하면 흙은 벽돌로 변해 불모의 땅이 된다고 한다. 죄다 새빨간 거짓말이다.

인도네시아에서 본 흙은 앞에서 설명한 강풍화된 적황색토뿐이었다. 침식(흙이 젊어짐)을 받기 쉬운 구릉지 토양에서는 운모나 버미큘라이트 등 영양분을 많이 유지하는 점토가 많았다. 옥시졸이 있을 만한 곳은 침식이 적은 평탄한 저지대밖에 없다. 그렇게 생각하고 언덕을 내려가 보니 과연 그곳에는 습지림(스웜프)과 이탄토가 펼쳐져 있었다. 언덕에서 아래쪽으로 물이 흐르기 때문이다. 늪지에 빠지니 나를 기다리고 있던 것은 옥시졸이 아니라 거머리의 습격이었다.

여기서 얻은 교훈은 지도와 이론을 너무 믿지 말라는 것, 그리고 옥시졸이 있을 만한 장소는 평탄한 지평선 너머로 노란 태양이 저무는 평원에 한정된다는 것이다. 옥시졸은 동남아시아에는 적고 남미 아마존과 중앙아프리카의 콩고 평원에 펼쳐져 있다.

동남아시아와 남미·아프리카의 가장 큰 차이는 지질연대에 있다. 남미대륙과 아프리카대륙은 한때 하나의 대륙(곤드와나)이었다. 원

그림56 벽돌의 재료에도 쓰이는 붉은 흙(왼쪽, 탄자니아 / 후나카와 신야 씨 제공), 전형적인 옥시졸(오른쪽, 브라질 혼도니아주)

재료인 화강암에는 모래가 많았겠지만 5~20억 년에 걸친 풍화로 그 자취가 사라지고 철이 농축된 바위가 흙의 재료가 되었다(안정육 괴라고 한다). 이에 반해 동남아시아의 흙 재료는 수백만~수천만 년 정도밖에 되지 않았다. 양쪽 다 무척 오래되어 보이지만 사람에 비유하자면 백 살 노인과 한 살 아기만큼이나 차이가 난다. 동남아시아의 신선한 암석(화강암이나 퇴적암)에는 자부심(전기량)이 높은 운모나 버미큘라이트가 많이 들어 있어 점토끼리 서로 반발하고 분산되어 강풍화된 적황색토가 되었다. 옥시졸은 되기 어렵다.

푸른 바위에서 생겨난 붉은 흙

보르네오섬에 옥시졸은 보이지 않았다. 이유를 몰라 당황해하는 내 앞으로 기름야자를 실은 트럭이 지나갔다. 과적재한 짐보다 트럭을 더럽힌 적토(赤土)가 내 관심을 끌었다. 보르네오섬의 강풍화된 적황색토는 그 명칭에 붉은색(赤)이 들어 있지만, 황색인 경우가 많다. 트럭에 붙은 적토는 분명 산화철(헤마타이트)의 색으로 옥시졸지대에 많다. 붉은 흙을 묻힌 트럭을 뒤쫓아 4시간 정도 달려 다다른 곳에는 기름야자농원과 벽돌공장, 사문암 채굴장이 모여 있었다. 푸른 바위 위에는 그토록 찾던 붉은 흙이 얹혀 있었다(그림57). 열한 번째 흙인 **옥시졸**이다. 삼림을 베어내고 기름야자농원이 되었지만, 적토는 벽돌이 되지 않았다. 건조시키거나 굽지 않으면 벽돌이 되지 않는다.

사문암은 대지의 갈라진 틈에서 분출된 마그마로부터 만들어지는 철, 규소, 마그네슘 덩어리이다. 일본에서도 이토이가와 시즈오카 구조선(포사 마그나: 일본의 주요 지구대의 하나로, 동북 일본과 서남 일본의 지질학적 경계가 되는 단층 선_역주)에 비취와 함께 발견된다. 열대우림에서 사문암이 풍화하면 마그네슘과 규소가 급속하게 유실되고 산화철점토가 농축된 옥시졸이 된다.

나는 도쿄의 뒷산과 마찬가지로 세계 각지의 흙 속에 흐르는 물을 조사해서 흙의 건강상태를 검진했다. 그 결과, 철이 적은 포드졸

이나 강풍화된 적황색토에서는 낙엽이나 뿌리에서 방출된 유기산
(구연산, 사과산 등)이 점토를 파괴해서 알루미늄이나 철을 녹여 모래
만 남긴다는 것을 알아냈다. 파괴력이 있는 유기산에 의한 '탄산레
몬수'형 풍화이다.

한편, 옥시졸에서는 다량의 산화철점토가 유기산을 흡착해서 없
애버린다. 남는 것은 미생물이나 식물 뿌리가 내뿜은 숨이 녹아 있
는 '미(微)탄산수'다. 파괴력이 작은 미탄산수는 산화철점토나 알루

미늄을 녹이지 못하는 대신에 상대인 규소를 녹여 흘려버린다. 결과적으로 산화철점토가 집적한 흙이 된다. 특히 사문암의 규소는 석영보다 60배 빠른 속도로 풍화해서 사라지기 때문에 침식 속도가 빠른 동남아시아 지질에서도 예외적으로 옥시졸을 볼 수 있었다. 원래 철이 많은 흙에 산화철이 더욱더 농축된 흙이 옥시졸이었다. 산화철점토는 접착제가 되어 흙 입자의 단결을 높여주기 때문에 점토 덩어리 같은 흙이 된다.

점토가 많으면 비옥할 것 같지만 옥시졸은 양분을 많이 유지할 수 없다. 운모와 버미큘라이트가 녹아 없어지고, 카올린(고령토_역주)이나 산화철 같은 건강하지 못한(전기가 없는) 점토가 많아지기 때문이다. 영양분을 많이 유지할 수 있는 원예용 점토에서 화장품용 안정된 점토로 변한다. 그러면 점토의 마이너스 전하가 줄어들어 칼슘이온 같은 플러스 전하를 지닌 영양분을 흡착할 수 없게 된다. 산화철점토는 플러스·마이너스 전하를 지녔지만, 그 힘이 일정하지 않다(주위의 pH에 따라 변동하고 산성에서는 마이너스 전하가 감소한다). 리더의 방침이 흔들리면 부하가 따르지 않듯이 유지력이 작다. 옥시졸이 빈영양, 불모인 흙이라고 일컫는 이유이다.

스마트폰도 흙으로 만든다

일본에는 다행히 빈영양인 옥시졸이 없다. 철과 알루미늄의 산화물만 있는 흙은 불모의 흙으로 낙인찍혀 있지만, 관점을 바꾸면 순도 높은 철과 알루미늄 덩어리이기도 하다. 머나먼 이국의 흙은 스마트폰에도 사용된다. 고성능의 가벼운 몸체를 만들 수 있도록 해주는 알루미늄은 그 기원을 더듬어가면 옥시졸이 나온다.

1867년에 일본이 처음으로 참가했던 제2회 파리만국박람회에서 나폴레옹 3세가 소개한 것이 "점토에서 태어난 '은'"인 알루미늄이었다(일본 전시관에서는 게이샤와 장수풍뎅이를 소개했다). 알루미늄의 원료가 된 '점토'는 보크사이트라고 한다. 이것은 옥시졸 속의 알루미늄산화물(깁사이트)이 고순도로 집적·굳어진 것이다. 옥시졸은 자원으로서 가치가 있다.

알루미늄이라면 일본의 흙에도 많지만 외로움을 타는 규소와 알루미늄의 결합을 떼어놓기가 어렵고 비용도 많이 든다. 옥시졸은 산화철점토(헤마타이트)도 많이 함유하기 때문에 알루미늄을 공장에서 분리하면 붉은색 진흙(적니赤泥)은 쓰레기가 된다. 적니는 강알칼리성이다. 일본에서도 한때 알루미늄을 분리해 적니를 태평양 넓은 바다에 버렸지만 그런 너그러운 시대는 끝났다. 지금은 국제 자연보호단체의 감시를 받고 있다. 일본이 알루미늄을 수입에 의존하고 빈 깡통을 활발히 재활용하는 이면에는 일본에는 옥시졸이 없다는 흙

사정이 있다. 옥시졸은 그 상태로는 가치가 낮지만, 공업과 농업의 기술혁신으로 인해 새로운 가치를 지니며 우리의 삶과 밀접한 관계를 맺기 시작했다.

구로보쿠토로 밥을 먹는다

이제 일본으로 돌아가보자. 지금까지 세계를 여행했지만, 마지막 토양은 외국에는 적고, 일본에서 흔히 발견되는 구로보쿠토이다. 색이 검고('검다'를 일본어로 '黒い=구로이'라고 읽는다_역주) 흙 위를 걸으면 푸석푸석('푸석푸석하다'를 일본어로 'ボクボク=보쿠보쿠'라고 읽는다_역주)하다고 해서 **구로보쿠토**(안디졸. 우리나라에서는 '화산회토'라고 하며, 국토의 13%를 차지하는 것으로 알려졌다_역주)라고 부른다(그림58). 어린 시절에 지렁이를 잡던 내 손을 시커멓게 만들고 고시엔대회에서 뛰는 고교야구 선수들의 흰 유니폼을 검게 물들이는 흙이다. 하이쿠 시인 마쓰오 바쇼도 일본 각지를 여행하고 쓴 시집 『사루미쓰(猿蓑)』에서 "길은 구로보쿠토, 버선을 더럽혔구나"라고 읊었다.

구로보쿠토는 홋카이도에서 도호쿠, 간토, 규슈에 이르기까지 거의 일본 전역에 분포한다(그림59). 그 분포는 화산과 온천의 분포와 일치한다. 흙이 검은 것은 부식이 많은 비옥한 흙이라는 징표이다. 구로보쿠토는 체르노젬보다 부식을 많이 함유하고 있다. 매일 보고

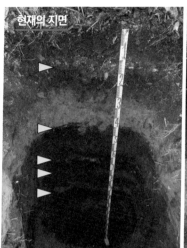

그림58 구로보쿠토(왼쪽부터 홋카이도 나카시베쓰, 홋카이도 시베차, 도치기현 이마이치). 노란색 표시는 과거의 지표면을 나타낸다.

있어 깨닫지 못했는데 비옥한 흙은 굳이 외국에 나가지 않아도 일본 안에 있었다.

개인적인 것이지만 나는 구로보쿠토에 또 하나, 다른 기대를 품고 있었다. 연구예산을 획득하는 일이다. 여러 사람의 도움으로 여행을 계속해왔지만 나도 슬슬 독립하고 싶었다. 그러나 '100억 명을 부양할 흙을 찾는다'라는 미숙한 서약은 사회에서 받아들여진 적이 없다. 연구비 지원이나 연구직 응모 서류에 뜨거운 마음을 담아 호소했지만, 풍요로운 일본에서 식량부족이라는 위기는 공감을

그림59 구로보쿠토의 분포(출전: 일본토양인벤토리)와 화산의 위치. 화산재의 영향뿐이라면 더 빨갛게 물든다.

얻지 못했고 흙의 성분에 관한 기초 연구에서부터 시작하면 목표를 달성하기까지 너무 오래 걸려 설득력이 부족했다. 예산도 따내지 못하고 취직도 안 되니, 100억 명을 부양하기는커녕 나 한 명도 먹여 살리기 어려웠다. 이런 엄혹한 현실을 타파하기 위해 나는 구로보쿠 토에게 기대를 걸었다.

구로보쿠토로 예산을 따내려고 한 이유는 지구온난화라는 오늘날의 과제와 관련이 있기 때문이다. 흙을 비옥하게 하는 부식은 원래 식물이 이산화탄소를 고정한('고정'은 어떤 물질이 화학작용에 의해 상태가 변해 다른 화학 물질이 된 것_역주) 것이다. 부식의 절반은 탄소로 구성된다. 육상 토양 중 부식에 함유된 탄소를 모두 합하면 대기 중 이산화탄소의 약 2배, 식물에 존재하는 탄소의 약 3배가 된다(그림 60).[27] 단순하게 계산해서 토양 중 부식(에 있는 탄소)이 전부 (대기의) 이산화탄소가 되면 대기 중의 이산화탄소 농도는 3배가 될 정도로 영향력이 막대하다. 바꾸어 말하면, 부식을 많이 축적한 구로보쿠토 는 대기 중 이산화탄소 농도를 낮춰서 온난화를 완화해준다. 이 기 능을 유지·증강할 수 있으면 온난화 완화에 공헌할 수 있다.

이 제안과제가 채택되어 나는 연구를 시작한 지 10년 만에 처음으로 스스로 연구비를 따내 연구할 수 있게 되었다. 발밑의 구로보 쿠토에게는 고마울 따름이다.

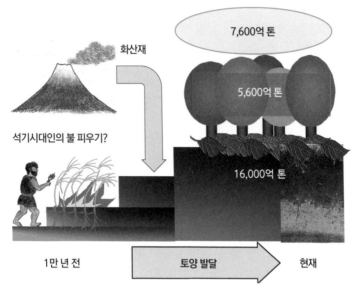

화산재

7,600억 톤

5,600억 톤

석기시대인의 불 피우기?

16,000억 톤

1만 년 전   토양 발달   현재

그림60 구로보쿠토의 발달과정과 생태계의 탄소축적량(육지 전체)

쌓이는 구로보쿠토

　뒷산 흙과 마찬가지로 어디에나 있는 검은 흙을 재료로 삼는 것은 아이디어가 반짝반짝 빛나지 않으면 특별할 게 없다. 내 연구의 비장의 카드는 흙에 남는 화산재층과 유적·유물이다. 예를 들어 1만 년 전에 퇴적한 후지산의 화산재층 위에 있는 토양은 그 후 1만 년 동안 쌓인 부식임을 알 수 있다. 고분이나 헤이안시대 유적 위에 토양이 쌓여 있으면 헤이안시대 이후에 축적한 부식으로 판단할 수 있다. 유통기한이 적힌 과자 포장이 흙에 묻히면 그것마저 시간의 지표가 된다. 고고학에서는 화산재를 시간의 지표로 삼곤 하는데 거꾸로 고고학의 지표를 토양의 연대 추정에 역수입한다는 발상이다. 최신 기기에 의한 혁신적인 접근방식과 비교하면 수수한 아이디어지만, 내 연구의 강점이나 독창성은 수수함에 있다는 것을 점차 깨닫기 시작했다.

일본의 구로보쿠토는 비정상적으로 빠르게 발달했다는 것을 조사를 통해 알 수 있었다. 평균적으로 1만 년 사이에 $1m$, 100년에 $1cm$의 두께의 흙이 형성된다. 이것은 남미나 아프리카의 옥시졸보다 10배 빠른 속도이다. (현재의 지면은) 일본의 조몬시대(일본의 신석기 시대_역주) 사람이 살았던 땅으로부터 $1m$ 높게 쌓였다는 이야기가 된다. 화산재는 분화구에 가까울수록 많고 편서풍을 타고 동쪽에 많이 퇴적한다. 화산 분출원과 가까운 가고시마나 홋카이도에서는 특히 화산재의 퇴적속도가 빠르다.

일본의 경우는 그저 화산재가 퇴적한 것만은 아니다. 흙이 새까맣다. 자랑이 될 수 있을지는 모르겠지만, 흙의 검기에 관한 한 일본을 능가할 나라가 없다. 흙이 검은 것은 부식 때문이다. 빛을 흡수하는 이중결합, 특히 방향족 물질(벤젠고리를 지닌 것)이 많다. 오래된 부식은 수천~1만 년 전의 식물유체가 기원인 것도 있다. 석기시대인의 불 피우기에서 유래한 것으로 추정되는 숯도 발견된다. 검은 구로보쿠토는 신석기시대부터 쌓여온 선물이다.

체르노젬과 균열점토질토양도 검지만 구로보쿠토에 묻혀 있는 부식의 양은 이들 토양보다 10배나 많다. 체르노젬과 균열점토질토 양이 건조한 기후로 인해 부식의 분해를 모면하고 있는 데 반해 구 로보쿠토는 연중 습윤하고 온난한 일본에서 나고 자라는 흙이다. 습 하고 무더운 여름에 음식물이 쉽게 부패하는 것과 같은 원리로 흙 속 미생물도 건강하다.

그럼, 왜 흙의 부식은 분해되어 없어지지 않는 걸까? 흙이 검다는 것은 대다수 일본인이 잘 알지만, 왜 일본의 흙이 시커먼지 통일적 으로 설명하는 것은 연구조차 되어 있지 않다. 세계를 여행한 끝에 가장 어려운 문제가 일본에 남아 있었다.

구로보쿠토는 왜 검은가

내가 찾은 곳은 나가노현 야쓰가타케 기슭의 노베야마고원으로, JR철도 선로가 놓인 곳 중 가장 표고가 높은 지점이기도 하다. 이 고 원에서 자라는 채소가 유명해서 가루이자와까지를 잇는 국도는 '노 베야마고원 샐러드가도(街道)'라는 이름이 붙어 있다. 배추와 양배 추 상자를 트럭에 싣는 작업원의 발끝에는 검은 흙이 보인다(그림 61). 내가 탐나는 듯 흙을 바라보았더니 양배추 한 포기를 그 작업원

그림61 야쓰가타케 기슭의 구로보쿠토에 펼쳐진 샐러드가도의 경관(노베야마)

이 건네준다. 삽 한 자루 외에 마요네즈를 하나 갖고 왔어야 했다.

구로보쿠토 위에 퇴적한 낙엽은 1년쯤 지나면 그 흔적이 없어진다. 5년이 지나도 낙엽의 절반이 남아 있던 체르노젬과는 큰 차이가 있다. 무더운 일본에서는 초등학생이 여름방학의 자유 연구 주제로 삼을 수 있을 만큼 낙엽의 분해 속도가 빠르다.

의욕적으로 시작한 '자유 연구'는 곧 벽에 부딪혔다. 처음에는 '미생물에 의한 분해 활동이 더뎌서 부식이 집적한다'라고 생각했

낙엽 $\longrightarrow$ 부엽토 $\longrightarrow$ 부식 $\longrightarrow$ 점토질

그림62 낙엽이 부식이 되기까지. 서서히 점토와 결합한다.

는데 낙엽의 소실은 빨랐다. 앞뒤가 맞지 않는다. 낙엽이 부식이 될 때까지 꼼꼼하게 살피려면 수천 년이 걸린다. 그때까지 계속할 기력은 없다.

사라진 낙엽 탄소의 행방을 추적하고 싶지만, 지구상에는 낙엽 외에도 탄소가 넘쳐난다. 부식 역시 탄소를 포함하고 한숨에도 이산화탄소가 들어 있다. 유일한 구원은 탄소에는 자연계에 거의 없는 동위체(^{14}C)가 있다는 것이다.

실험실에서 낙엽에서 방출되는 탄소를 방사성 탄소(^{14}C)로 색칠해 추적하는 특수한 실험을 해보면 탄소의 행방을 추적할 수 있다. NASA가 화성탐사선을 이용해 실시한 무인실험과 같지만, 이쪽은 인간이 기계처럼 일한다. 방사선을 방출하는 방사성물질을 다루는 위험한 실험은 폐쇄공간에서 실시하기에 고독하다는 점은 화성과 같다.

실험 결과, 낙엽은 이산화탄소로 돌아간 게 아니라 잘게 분해된 부식이나 이것을 먹은 미생물의 유해로 바뀌었다는 것을 알 수 있었다. 식물유체가 그대로 퇴적하는 이탄토와는 다르게, 식물유체가 점점 변질되어 점토와 섞이고(흡착) 검은 조직으로 모습을 바꾼다(그림62).

구로보쿠토에는 버미큘라이트같이 깨끗한 결정을 지닌 점토가 적은 대신 반응성이 대단히 높은 앨러페인이라 불리는 점토가 많다(그림18, 44쪽). 이 점토가 부식과 강하게 결합하기 때문에 무더운 일본에서도 부식은 수천 년이나 보존된다. 화산재가 새로 퇴적해서 부식이 지하에 매몰되면 더더욱 미생물에 분해되기 어려워진다. 새까만 흙에는 아직도 새로 부식을 흡착할 능력이 남아 있다.[28] 참으로 대단한 흙이다.

세계를 둘러봐도 이름난 화산재토양은 역시 화산 부근에 있다. 판과 판이 부딪히는 환태평양 조산대에 위치하는 칠레, 과테말라, 미국의 오리건주, 일본, 필리핀, 인도네시아의 자바섬, 파푸아뉴기니, 뉴질랜드는 화산이 집중된 지역이다. 아프리카에서는 케냐와 탄자니아의 킬리만자로처럼 커피 산지로 유명한 장소도 많다. 이탈리아 시칠리아섬과 폼페이, 아이슬란드, 하와이에도 화산재토양이 있다. 다만, 이를 모두 합쳐도 육지 면적의 1%에도 못 미친다. 그런데도 일본 흙의 30%를 구로보쿠토가 차지한다. 일본은 세계적으로 보기 드문 흙이 모여 있는 이상한 나라다.

구로보쿠토는 체르노젬, 균열점토질토양보다 더 많은 부식을 포함하고 있고, 산성이라는 것이 차이점이다. 게다가 부식을 흡착하는 점토(앨러페인)는 동시에 인산이온도 강하게 흡착한다. 작물의 생육에 필수 영양분인 인산이온이 농작물에 닿지 못하게 된다. 이렇게 보면 비옥하다고 할 수 없다. 검고 푹신푹신한 흙이 안고 있는 수많은 과제를 극복하고 고원 채소는 식탁에 전달되고 있다. 이를 통감한 것은 더 나중의 일이다.

비옥한 흙은 많지 않다

북극권에서부터 적도 바로 아래까지 1만 km를 돌아다닌 끝에 나는 지구의 12종류 흙을 모두 볼 수 있었다. 흙의 그랜드슬램을 이루었다. 누가 상을 주는 것도 아니고 12종류의 흙을 모두 모은다고 소원이 이루어지는 것도 아니다. 그러나 안경과 삽자루에 새겨진 수많은 흠집과 맞바꾸어 알게 된 사실이 있다.

비옥한 토양은 별로 많지 않다는 것이다. 지구에 있는 12종류의 흙 중에 단순히 비옥하다고 할 만한 흙은 체르노젬과 점토집적토양, 균열점토질토양 정도이다. 그리고 이들 흙은 일부 지역에 편중되어

있다.

농작물 씨앗과 다르게 흙은 융통성이 없다. 흙은 옮기기에 너무 무겁고 양을 늘릴 수도 없다. 간단히 흙의 성질을 바꿀 수도 없다. 이웃 나라에 양질의 흙이 있다고 해서 쉽게 이사할 수도 없다. 만약 좋은 흙이 있다고 해도 그것만으로는 안 된다. 많은 사람을 부양하려면 좋은 흙이 넓은 면적에 분포되어 있어야 한다. 물도 필요하다. 흙마다 알맞은 작물도 다르다. 그리고 트랙터와 비료와 농약에도 돈이 든다. 물과 흙이 풍부한 행성이라고 해도 100억 명을 부양할 흙을 찾아내는 것은 간단하지 않다.

동식물과 다르게 새로운 종류의 흙은 이제는 더 발견되지 않는다. 비옥한 흙이 있으면 그것은 경작되고 파내지고 있다. 이는 NASA의 행성 지구화 계획을 밀어주는 게 아니다. 흙을 비옥하게 바꾼다거나 비옥한 흙의 능력을 더욱더 높이는 것은 가능할 것이다. 이 지구에도 여전히 가능성이 있다. 살짝 발돋움해서 세계를 바라보자.

3장

지구 흙의
가능성

보물지도를 찾아서

　세계의 흙을 둘러보며 이해했다고 생각했지만, 12종류의 흙과 만나는 여행에서 본 것은 세계지도 속의 퍼즐 한 조각 한 조각에 불과하다. 현재 70억 명이나 되는 세계 인구의 식량을 생산하고 있는 비옥한 흙은 어떤 것일까? 100억 명을 부양할 여력을 지닌 것은 어떤 흙일까?

　중요한 것은 아직 모른다. 이 물음에 답하기 위해서는 세계 전체의 흙을 볼 필요가 있다. 세상의 모든 흙을 직접 보러 다닐 수는 없기에 과거에 세계 각지에서 이루어진 조사 데이터에 의지하기로 한다. '지식은 현장에 있다'라는 표어를 내건 시리즈 중 한 권인 이 책에서 말하려니 조금 멋쩍지만, 대부분의 지식은 도서관과 연구기관에도 축적되어 있다.

　내가 삽으로 흙을 파는 일을 업으로 삼고 있긴 해도 세상 모든 숲과 밭을 들쑤시는 게 목적은 아니다. 그럴 만한 체력과 재력도 없고 아무리 시간이 많아도 그렇게 하기에는 부족하다. 삽으로 흙을 파는 일의 최종 목적은 삽으로 파지 않아도 흙을 예측할 수 있게 되는 것이다. 내 일이 사라져버리는 문제는 있지만 믿을 만한 토양지도가 있으면 지구상의 흙과 식량 또는 인구와의 연관성을 밝혀낼 수도 있다.

식량이나 농업에 관한 데이터라면 유엔식량농업기구(FAO)가 유명하다. FAO 본부는 이탈리아 로마에 있다. 나는 영화 〈로마의 휴일〉의 무대에서 세계 식량문제와 씨름하는 내 모습을 상상해보았다. 그런데 FAO는 지점도 있었다. 그곳은 태국의 수도 방콕이다. 열대우림 연구를 해온 내가 부임할 수 있는 곳이 아시아 지점뿐이라는 것을 알았을 때는 솔직히 실망했다. 방콕은 늘 조사하러 다니는 곳이었다. 아시아의 숲뿐 아니라 세계의 식량과 토양에 관여하려면 다른 접근법을 찾아야 했다.

마침 그 무렵, FAO의 주도 아래 식품안전보장과 기후변동에 대비해 토양을 보전하자는 국제연계활동(Global Soil Partnership)이 출범했고, 세계 각지에서 조사한 토양 정보를 공유하자는 움직임이 있었다. 이것이 실현되면 전 세계의 토양 정보를 입수할 수 있다. 토양 정보의 공유를 가속하는 규칙을 만들기 위한 위원회의 일원을 모집하고 있었기에 나는 지원하기로 했다. "영어 따위 말일 뿐이야. 배우면 누구나 할 수 있게 돼!"라는 학원 광고가 내 등을 떠밀어주었다.

세계의 흙 연구자들은 제각기 일하는 방식이 있다. 흙이 다르면, 그리고 삽과 체격이 다르면 토양의 채취방법이나 분석방법이 달라진다. 데이터 단위가 다르면 각자의 연구결과를 비교조차 할 수 없다. 모두 자신의 방식을 바꾸고 싶지 않아서 싸우곤 한다. 스포츠의 국제규칙을 개정할 때 각 나라들이 실랑이를 벌이는 것과 같다.

데이터 제공을 꺼리는 나라도 있다. 근거가 되는 데이터가 부족하면 거짓투성이 토양 지도가 만들어지기도 한다. 홋카이도가 포드졸 일색으로 칠해진다든지 열대우림지대가 모두 옥시졸로 표시되어 있었던 것이 그 예다. 방법과 단위를 통일할 수 있다면 전 세계 토양을 하나의 기준으로 바라볼 수 있게 된다.

세계 각지에서 모인 위원회 회원 간의 논의는 이메일을 통해 이루어졌다. 모두의 의견을 최대공약수적으로 정리해나가는 행정문서에서 문제는 영어가 아니라는 사실에 나는 아연실색했다. 중요한 것은 일본어였다. 내가 아무 일을 하지 않아도 우수한 회원들이 내용을 논의해주지만 방심하면 일본어로 된 극동 섬나라의 토양 정보가 반영되지 않거나 조잡하게 다루어지는 끔찍한 사태가 벌어지는 것이다. 데이터가 활용되지 않으면 홋카이도가 포드졸 일색으로 칠해지는 사태가 일어날 것이다.

나는 기회를 살피던 중에 영어를 모국어로 사용하는 회원들이 원고를 작성했는데도 잘 읽히지 않는다는 사실을 깨달았다. 영국식 영어와 미국식 영어가 혼재했기 때문이다. 행정문서로는 문제가 있었다. 기다렸다는 듯이 나는 문법만 잘하는 일본식 영어로 영국식 영어와 미국식 영어를 통일하는 역할을 해냈다. 그리고 이때 재빨리 일본의 데이터도 살릴 수 있도록 내용을 개정했다.

자신만만하게 이상한 영어로 내용을 개정하는 일본인을 보고 위원회의 회원들은 내가 라틴 아메리카에서 유학한 적이 있는 게 틀림없다고들 오해했다. 그래도 나의 제언은 어떻게든 승인되어 세계의 토양 데이터를 수월하게 공유할 수 있게 되었다.[29] 이렇게 완성한 비옥한 흙의 세계지도는 내게 보물지도이다.

세계 인구분포를 결정하는 흙

통계 데이터를 정리한 세계지도를 둘러보던 중에 내가 가장 충격받은 지도가 두 장 있다. 하나는 비옥한 밭의 밀도를 나타내는 지도이다(그림63). 비옥한 밭이 많은(색이 짙은) 곳은 체르노젬, 점토집적토양, 균열점토질토양이 있는 장소이다. 밭흙이 비옥한 지역일수록 농지로 개발된 비율이 높다. 인도, 중국 등 인구 증가가 두드러진 지역은 동시에 비옥한 농지가 많은 장소이기도 했다.

우크라이나, 북미 프레리, 팜파, 중국 동북부의 체르노젬지대에는 비옥한 농지가 펼쳐져 있다.

반면, 북극권의 영구동토와 이탄토, 미숙토가 펼쳐진 지역에는 농

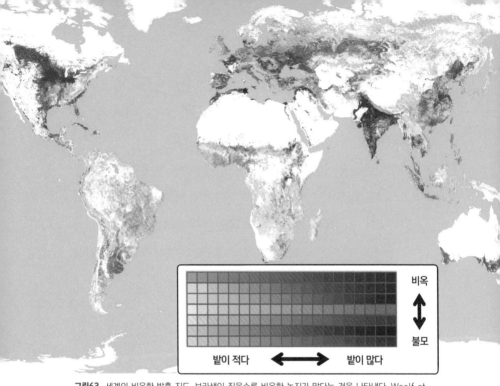

비옥

불모

밭이 적다 ⟷ 밭이 많다

그림63 세계의 비옥한 밭흙 지도. 보라색이 짙을수록 비옥한 농지가 많다는 것을 나타낸다. Woolf et al.(2010)을 개정함[30]

지가 거의 없다. 핀란드 사람들이 왜 농사를 지을 수 없는 토지를 골랐느냐고 자문자답하는 이유이다. 빈영양인 포드졸, 옥시졸지대도 인구가 적다. 소나무숲은 토끼와 비버, 열대우림은 고릴라와 침팬지의 서식처로 각각 알맞지만 농사짓기에는 적합하지 않다.

지탱하는 인구가 많은 토양의 '톱3'는 점토집적토양, 강풍화된 적황색토, 젊은 토양이다. 이 세 종류의 토양이 육지 면적에서 차지하는 비율은 30%도 안 되지만, 세계 인구의 절반을 부양하고 있다

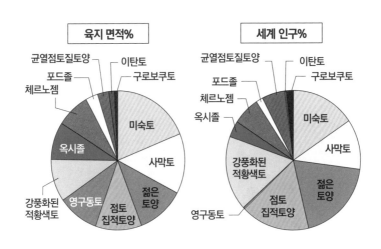

그림64 토양 종류별 세계의 육지 면적과 인구 비율

(그림64). 건조지인 체르노젬, 균열점토질토양, 사막토도 육지 면적의 20%를 차지할 뿐이지만, 세계 인구의 40%를 위해 식량을 생산하고 있다.[31] 즉 12종류 중 절반의 흙이 세계 인구 대부분을 먹여 살리고 있는 셈이다. 흙의 차이는 식량 생산력에 엄연한 격차를 초래한다. 지금까지 보아온 것을 증명하는 이야기뿐이지만 비옥한 밭흙이 너무나 편재되어 있다는 사실에 나는 충격을 받았다. 그러니 전쟁이 일어날 만도 하다.

충격적인 또 다른 하나는 인구밀도와 강수량 지도이다. 비옥한 흙에 몰두한 나머지 간과하고 말았는데 인구를 논할 때 잊지 말아야 하는 것이 기후의 중요성이다. 강수량과 세계의 인구분포를 비교

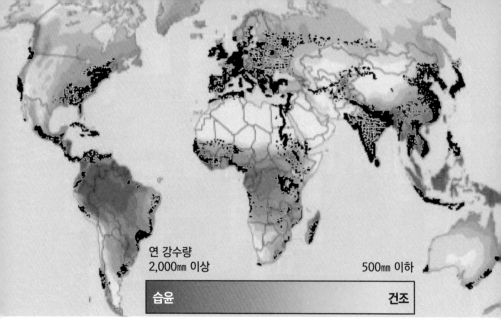

연 강수량
2,000mm 이상

500mm 이하

습윤

건조

그림65 세계의 인구밀도와 강수량 분포. 검은색 부분은 인구밀집지를 나타내고, 녹색이 짙을수록 강수량이 많다.

하면 놀라우리만치 일치한다. 당연하게 여길 수도 있으나 사막에는 사람이 적고 비가 많은 지역에 사람이 많다(그림65). 생물이 살아가는 데 있어 물은 생명선이다. 아무리 흙이 좋아도 물이 없으면 시작되지 않는다. 생활용수도 필요하고 물이 있으면 다른 동식물(물고기 등)의 혜택도 누릴 수 있다.

강수량은 식량 생산력과 어떤 관련이 있을까?

식물이 뿌리를 뻗는 흙의 깊이(1m)에는 대략 빗물 200mm 정도의 물이 저장되어 있다. 식물은 뿌리라는 이름의 빨대를 써서 흙이라는 이름의 컵에 담긴 물을 마시려고 한다. 끝까지 컵에 남아 있는 약간의 물은 점토와 서로 차지하려고 경합을 벌이므로 식물이 흙 속의 물을 모두 흡수할 수 있는 것은 아니다. 흡수할 수 있다고 해도 절반 정도(100mm 정도의 물)이다.

한편, 건조에 강한 옥수수도 씨앗을 뿌린 후 수확하기까지 석 달 동안에 300mm 정도의 물이 필요하다. 다시 말해서, 나머지 200mm의 빗물이 필요해진다. 메마른 흙을 다시 적셔줄 100mm의 빗물도 천둥에게 부탁하고 싶다. 흙이 모든 빗물을 보유할 수 있는 것은 아니므로 넉넉하게 잡아 500mm쯤 있으면 좋겠다. 이는 재배 기간에 한정된 이야기이고, 1년으로 셈하면 연 강수량 500mm로는 부족하다. 점토가 적은 흙이면 보수력은 훨씬 더 작아진다. 연 강수량 500mm 이하인 건조지대에서는 빗물만으로는 농사를 짓기 어려워서 인구밀도가 낮아지는 구조이다.

건조지대에만 분포하는 체르노젬에는 가장 비옥한 농지가 펼쳐져 있지만, 이곳에 사는 인구는 많지 않다. 물이 부족하기 때문이다. 반대로, 빈영양으로 알려진 강풍화된 적황색토는 흙의 황제 체르노젬의 두 배 인구를 먹여 살릴 수 있다. 풍부한 태양에너지와 물이 주는 선물이다.

강수량이 적은 데도 인구밀도가 높은 장소에는 반드시 큰 강이 있다. 큰 강은 다른 지역에서 내린 비를 모아준다. 이집트문명과 메소포타미아문명이 일어난 비옥한 초승달지대에서는 나일강, 티그리스강, 유프라테스강이라는 큰 강이 사막토를 적셨다. 지금도 나일강 주변은 인구 밀집 지역이다. 큰 강의 수자원을 활용한 관개가, 그렇지 않으면 불모였을 사막토를 녹색지대로 변모시켰다. 보리가 여물면 황금빛 들판이 펼쳐진다. 물이 있으면, 그리고 염류집적 문제가 없으면, 사막토도 생산성 높은 흙이 될 수 있다. 역시 물은 필수불가결하다.

비옥한 흙의 조건

강수량이나 큰 강이 흙의 생산력이나 높은 인구밀도에 중요하다는 이야기로 끝나면 '뭐야, 역시 흙보다 물이군' 하고 생각할지 모른다. 그러나 비가 많이 오는 지역 중에서도 인구밀도에는 농담(濃淡)이 있다. 인구밀도가 높은 지역에는 아프리카에서는 탄자니아의 킬리만자로, 이집트, 에티오피아, 아시아에서는 인도, 방글라데시, 인도네시아의 자바섬, 그리고 일본이 있다.

지금까지 비옥한 흙을 '점토와 부식이 풍부하고 질소, 인, 미네랄 등 영양분에 과부족이 없고 산성도 알칼리성도 아니며(중성), 배수성과 통기성이 좋은 토양'이라고 했다. 하지만 100억 명이 먹고 살아갈 세계를 목표로 하는 이상 결과로 말해야 한다. 인구를 많이 부양할 수 있는 흙을 비옥하다고 생각하는 것이 어긋날 확률이 낮다. 12종류 흙의 인구밀도를 비교했을 때 인구밀도가 높은 지역을 지탱

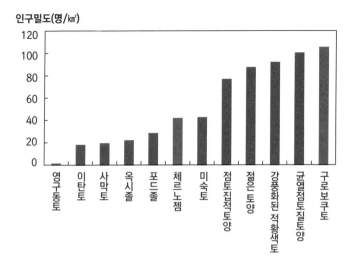

그림66 토양의 종류별 인구밀도 비교. 인구밀도는 구로보쿠토가 체르노젬보다 높다.

하고 있는 흙은 구로보쿠토(화산재토양)와 균열점토질토양, 강풍화
된 적황색토, 젊은 토양, 점토집적토양이다. 면적이 좁아서 눈에 띄
지 않지만, 구로보쿠토도 인구밀도가 높다. 비옥한 체르노젬과 균열
점토질토양을 제치고 세계 1위이다(그림66).

한편, 강수량이 많은 데도 인구밀도가 낮은 것이 옥시졸이다. 세
계의 인구밀도와 강수량 지도를 보면 콩고강이 있는 아프리카 중앙
평원, 아마존강이 있는 남미 열대우림은 물이 풍부하게 있는 데도
인구밀도가 낮다. 4대 문명에 버금가는 농경 문명도 흥하지 않았다.
근현대사를 통해 문명이 발달하지 않은 것은 민족이 미개해서라는

오해를 받기도 했지만, 주된 원인은 산성이고 영양분이 부족한 옥시졸이 농업생산에 적합하지 않다는 데 있다.

일본과 아프리카 열대우림은 똑같이 비가 많은 지역인데 인구밀도는 왜 이토록 차이가 나는 걸까?

일본의 산에는 젊은 토양과 미숙토, 저지대에는 그 퇴적물로 이루어진 미숙토(충적토), 그리고 경사가 완만한 대지에는 화산재토양이 펼쳐져 있다. 조몬시대 이후 1만 년 동안에 형성된 새로운 토양뿐이다. 1만 년이라는 시간은 우리에게 터무니없이 길지만, 흙의 발달에서는 짧은 시간이다. 1만 년 동안에 $1m$가 퇴적한 구로보쿠토에서는 100년에 두께 $1cm$의 속도로 흙이 생겨난다. 새로운 흙에는 영양분을 공급할 수 있는 광물이 많이 남아 있다.

이에 반해 평탄한 아프리카 중앙평원의 지질은 5억 년 이상 되었다. 지진이 없는 데다 융기도 몹시 더디다. 1,000년에 두께 $1cm$밖에 흙이 생성되지 않는다. 장기간 풍화를 받은 흙에는 영양분을 공급해줄 새로운 광물이 더 남아 있지 않다. 풍화는 암석을 토양(점토와 모래)으로 변화시키는 중요한 과정이지만 지나치면 노후화된 토양이된다. 새로운 전력 영입에 실패한 야구팀이 활성화되지 않는 것과 비슷하다.

농업이란 사람이 밭에서 작물을 가져가는 행위다. 그러면 그만큼 밭흙의 양분이 줄어든다. 흙에 추가로 양분을 보급해주어야 하는 것이다. 일본의 경우 화산 폭발과 홍수, 산사태로 인해 토양이 새로 바

그림67 한때 연결되어 있던 동남아시아 섬들(순다랜드). Wurster et al.(2016)[33)]을 토대로 작성했다.

꿔면서 양분이 공급되어왔다. 식량자급률 40%인 현재는 그렇다 쳐도 자급률이 100%였던 메이지시대에도 화학비료 없이 3,000만 명이 살 수 있었다. 세계적으로는 인구밀집지이다.[32)]

일본뿐만이 아니다. 방글라데시, 동남아시아의 충적평야에서는 히말라야산맥의 침식으로 신선한 토사가 공급된다. 히말라야에 원류를 둔 차오프라야강은 동남아시아의 산들을 깎아내고 수많은 토사를 실어 날라 광활한 충적평원(순다랜드)을 형성했다(그림67).[33)] 토양침식으로 흙이 다시 젊어져서 비옥한 논지대가 유지되고 있다. 아프리카와 마찬가지로 토양이 풍화되기 쉬운 열대우림이어도 칼륨을 많이 함유한 운모나 버미큘라이트가 많은 것은 동남아시아 흙의 특권이다. 토양은 산성이지만 여기서 수확한 벼는 작물 중에서도 가장 산성에 강하다. 운(運)도 운모도 따라주었다.

메소포타미아문명이 발달한 비옥한 초승달지대에 있었던 흙은 단순한 사막토가 아니라 사하라사막으로부터 바람에 실려 옮겨진 세립질(細粒質)의 모래 먼지를 받은 비옥한 토양이었다(그림42, 100쪽). 사막에서 오는 모래 먼지(황사)는 중국의 황투고원, 나이지리아, 북미 프레리, 일본에도 영양분을 가져다주었다. 인도와 에티오피아에서는 현무암 대지가 알맞은 정도로 융기되어 침식당해 균열점토질 토양이 다시 젊어진다. 그 현무암을 깎아낸 비옥한 토사는 큰 강으로 옮겨져 '나일강의 선물'로서 이집트문명을 지탱했다. 이것이 인구밀도와 비옥한 농지의 분포를 일부 지역으로 치우치게 하는 구조이다.

이웃의 흙은 검다

여기까지 이야기를 정리하면, 가장 비옥한 체르노젬지대에는 비가 적다. 일본의 구로보쿠토와 인도의 균열점토질토양도 비옥하지만, 면적이 좁다. 그래서 세계 인구를 강력하게 지탱하고 있는 흙은 점토집적토양, 강풍화된 적황색토, 젊은 토양 세 가지다. 점토집적토양은 예상한 대로지만, 산성이고 빈영양일 것 같은 강풍화된 적황색토와 젊은 토양이 기대 이상으로 활약을 펼치며 세계 인구를 지탱하고 있다. 그렇다면 나머지 9종류의 흙에 기대를 걸어보아야 한다.

비옥한 농지분포의 편중을 무시하고 세계의 재배지 면적 16억 ha를 70억 명으로 공평하게 나누었다고 가정해보자. 1인당 농지는 대략 $0.2ha$, 즉 $14m \times 14m$의 토지면적이 된다. 이 면적 전체가 곡물(쌀 등) 재배에 쓰이는 건 아니어서 절반인 $0.1ha$가 곡물 재배에 할당된다. 곡물 생산량의 세계 평균은 $1ha$당 $3t$이므로 1인당 곡물 생산량은 $0.3t$이 된다. 현대인의 1인당 곡물 소비량은 $0.3t$으로, 현 상황에서는 식량이 부족하지 않다.[34]

그런데 농지면적의 증가는 서서히 한계점에 도달하고 있다. 인구가 증가해서 1인당 농지면적이 $10m \times 10m$ 이하로 떨어지면 결국 처절한 '의자 뺏기' 게임이 기다리고 있다. 인구 증가분만큼 식량을 생산하려면 농지를 새로 늘리는 방법이 가장 간단하다. 잘 살펴보면 현재 농지로 이용되고 있는 땅은 전체 육지 면적의 11%에 불과하다. 화성이나 달에서 찾기 전에 지구상에도 아직도 극복하지 못한 장소가 있는 것이다. 89%나 되는 땅이 있다면 어떻게든 될 것 같다. 인간에 의해 황폐해지지 않은 대자연은 토양 열화(劣化)가 진행되지 않아서 숲도 푸르다. 이웃의 잔디는 푸르기만 할까?

인구밀도가 낮은 영구동토, 이탄토, 포드졸을 농지로 만들 수 있다면 가장 간단하다. 그러나 영구동토지대에서 식량 생산이 얼마나 어려운지는 슈퍼마켓에 덩그러니 놓여 있던 500엔짜리 오렌지, 1,800엔짜리 시든 배추가 여실히 보여주었다. 순록의 방목이라는 북방한계의 '농업'이나 연어잡이 등에 기대를 거는 것은 무리다.

영구동토와 비교하면 이탄토나 포드졸에는 가능성이 있다. 일본의 이탄지대는 물파초 등 습지 특유의 식생을 즐기는 자연공원이 많지만, 유럽과 미국에서는 습원, 늪지, 스웜프를 엄밀하게 분류하고 배수를 개량해서 농지로 만들어 채소류를 재배한다. 나폴레옹과 히틀러는 사탕수수를 재배할 수 없는 온대지역에서 고육지책으로 사탕무 재배를 장려했다. 이탄토를 배수가 잘 되게 해서 비료를 뿌리면 사탕무를 대량으로 생산할 수 있다(그림68). 이 기술은 배수가 나쁜 홋카이도의 이탄토와 화산재토양에도 도입되었다. 이를 주도한 사람은 독일에서 농학을 배운 윌리엄 클라크 박사이다.

다만 이탄토를 이용하는 데는 위험이 따른다. 열대의 이탄지를 배수하면 산소를 얻은 미생물의 활동이 활발해져 식물유체가 급속히 분해하기 시작한다. 심지어 동남아시아에 많은 맹그로브의 이탄토를 배수하면 지하에 잠자고 있던 황화철(파이라이트, FeS_2)이 깨어나(산화되어) 황산이 발생한다. 강력한 산성토양이 되기에 이탄(진흙탄)을 쓰려다가 말 그대로 진흙탕이 되어버릴 위험도 있다.

북구, 북미의 산성토양(포드졸이나 미숙토)에서는 보리의 성장이 좋

지 않아 임업과 감자농업 중 양자
택일을 해야 하는 장소도 많다. 감
자는 포드졸이나 미숙토에서도 잘
자라고 연간 1 ha 당 수십 톤을 거둘
수 있다. 5~10 t 수확할 수 있는 보
리나 쌀, 옥수수보다 단위 면적당
생산력이 높은 점이 매력이다. 그
러나 씨감자에 의한 번식은 유전
적으로 같은 개체, 즉 복제를 늘리
게 된다. 토양 속 병원균이 한번 이
빨을 드러내면 전멸할 위험이 있는
것이다. 감자 역병에 의한 식량난
은 독일이 두 번의 세계대전을 치

그림68 이탄토에서 자라는 사탕무(독일)

르는 동기가 되었고 항복하기에 이르는 요인 중 하나가 되었다. 비
옥하지 않은 땅에 무리하게 요구하면 결과가 좋지 않다는 것이 역
사로 증명되고 있다.

이용되지 않은 영구동토, 이탄토, 포드졸에 기대를 거는 것은 한
계가 있다. 남은 수단은 비옥한 흙을 먼저 차지하거나 비옥하지 않
은 흙을 비옥하게 바꾸는 두 가지 방법이다. 후자가 당연히 좋지만,
세계에서 일어나고 있는 것은 전자이다. 그 실상을 조금 살펴보자.
대상은 물론 세계에서 가장 비옥한 흙인 체르노젬이다.

흑토와 글로벌 랜드 러시

왜 우리가 흙을 둘러싸고 싸우는지 이해하기 위해 시대를 조금 거슬러 올라가자. 역사의 주요 무대가 된 서유럽에는 체르노젬이 적다. 빙하로 덮인 영국과 독일의 토양은 영구동토는 면했지만, 비옥한 지표가 빙하에 깎여 바람에 날아가 버렸다. 남은 것은 빈영양인 포드졸이나 미숙토다. 광대한 러시아도 뚜껑을 열어보면 국토의 60% 이상을 차디찬 영구동토가 차지한다. 식량을 공급하는 비옥한 농지가 부족하다.

한편, 북유럽이나 독일에서 사라진 잔모래 먼지는 바람에 흩날려 유럽 동부에 퇴적하고 비옥한 체르노젬이 되었다. 우크라이나에는 세계의 체르노젬 중 30%가 집중해 있다. 비옥한 농지 지도에서 가장 색이 짙었던 곳이다. 이 밀의 곡창지대는 '유럽의 빵 바구니'라고 불린다.

이 매력적인 토양은 계속해서 러시아, 독일의 표적이 되어왔다. 흙에 초점을 맞춰 말하자면 빙하에 의해 비옥한 흙을 잃어버린 지역의 사람들이 그 흙이 퇴적한 지역을 침략한 구조가 된다. 제2차 세계대전 당시 독일군이 우크라이나의 체르노젬을 화차에 싣고 돌아가려 했다는 에피소드도 남아 있다.

흙 쟁탈전은 과거의 일이 아니라 지금도 형태를 바꾸어 진행 중이다. 국외에 있는 비옥한 농지를 둘러싼 쟁탈전은 '글로벌 랜드 러시'라고 불린다. 러시란 러시아워처럼 많은 사람이 쇄도한다는 뜻이지만, 여기서는 쇄도하는 곳은 직장이 아니라 농장이다.

캐나다 내륙부의 프레리지대(서스캐처원주)를 자동차로 달리면 농장 곳곳에 'Land for Sale(매매지)' 간판이 널려 있는데 그 값이 너무 저렴해서 깜짝 놀라게 된다. 비옥한 체르노젬 농지가 1 ha(100m × 100m) 당 20만 엔에 팔리고 있다. 역시 체르노젬이 펼쳐진 우크라이나 농지의 경우는 그 반액이다.

같은 가격으로 일본의 농지를 사면 10분의 1 면적밖에 살 수 없다. 1ha당 매년 2t의 밀이 수확되면 5만 엔의 수입이 들어온다. 4년이면 원금이 회수된다는 계산이다. 상사 직원이 아니어도 주판알을 튀기고 싶어진다.

실제로 이들 농장에는 인도와 중국의 매수자가 쇄도하고 있다. 자기 나라 인구를 부양할 농지면적이 한계에 달해 해외 농장을 확보하기 시작한 것이다. 목표는 물론 체르노젬이다.

국토의 태반을 사하라사막이 차지하는 리비아도 원유 공급과 맞바꿔서 우크라이나에 대규모 농지 10만ha(도쿄도 면적의 절반 정도)를 확보했다. 마찬가지로 중동 산유국인 카타르도 케냐의 화산재토양과 균열점토질토양을 확보했다.[35] 사막토뿐이라서 농지를 갖고 싶은 산유국과 에너지와 화학비료를 갖고 싶은 농업국의 이해관계는 일치한다.

곡물 가격의 심한 급등락과 식량 위기는 체르노젬을 시장 상품으

로까지 만들고 있다. 우크라이나에서는 체르노젬 1t(가로 1m×세로 1m×깊이 1m)에 1~2만 엔까지 버젓이 거래되고 있다. 암거래지만 1,000억 엔 규모의 산업이다. 10t 트럭에 흙을 반출해나가 싸게 산 토지에 객토(기존의 땅에 외부의 흙을 섞는 것)하는 것이다. 비옥한 표토 를 잃은 농지는 쓰레기 매립지가 된다고 한다. 정말 어처구니없는 이야기다. 흙의 황제로 추대된 체르노젬이 랜드 러시에 망가지고 있 는 것이다.

스테이크와 체르노젬

비옥한 체르노젬에 식량 증산의 여력이 남아 있을까? 나는 캐나 다 국내의 토양학회에 합류해서 체르노젬 관찰회에 참가하기로 했 다. 한 가지 곤란한 것은 손님을 잘 대접하려는 마음에서 내주는 미 대륙의 전통요리인 두툼하고 피가 뚝뚝 떨어지는 스테이크다. 내가 겁에 질려 있자 주최자가 "성게알을 먹는 용감한 무사라면 레어 스 테이크쯤이야 아무렇지도 않겠지요" 하며 웃었다. 두꺼운 스테이크 는 체르노젬의 축복이다.

참고로 세계의 식량 사정을 더 어렵게 만들고 있는 것은 육식 위 주의 식생활이다. 소고기 1kg을 생산하는 데 곡물 8kg이 소비되기 에 대식가인 소를 잡아먹는 것을 그만두면 식량 사정도 나아진다.

유럽과 미국에서는 플렉시테리언(상황에 따라 고기도 먹는 유연한 채식주의자) 붐이 일어나고 있지만, 전 세계 소고기 소비량은 오히려 증가할 것으로 예측된다.[36] 체르노젬은 유럽과 미국뿐만 아니라 세계의 육식 위주 식생활을 감당해낼 수 있을까?

마음먹고 참가한 관찰회였는데, 흙 관찰용 구덩이 말고도 여러 장애물이 있었다. 캐나다에서는 영어와 프랑스어가 공용어라서 자칫 방심하면 학회 발표부터 의견교환에서까지 프랑스어 일색이 되어버린다. 도통 알아듣기기 어려운 상황에서 주위 분위기가 술렁거렸다. 연유를 들어보니 한 참가자가 체르노젬을 앞에 두고 "체르노젬을 보고 싶었는데…"라고 말해서 파문이 인 것 같았다. 체르노젬 관찰회였기에 당연히 체르노젬만 전시되어 있었는데, 검은 부식층이 기대했던 것보다 확실히 얇았다(그림69). 책임은 관찰회의 주최자보다는 미국 농업에 있다.

북미 프레리의 체르노젬도 역시 바람에 실려 온 모래 먼지의 선물이었다(그림42, 100쪽). 거기에 대초원이 펼쳐져 빽빽이 자라난 뿌리가 검은 부식층을 키워냈다. 원주민(인디언)을 몰아내고 개간하자 대초원은 비옥한 밀과 옥수수밭으로 탈바꿈했다(그림69). 미합중국이 세계의 초강대국이 될 수 있는 이유를 흙에서 찾는다면, 바로 체르노젬이 넓은 국토면적의 9%나 되기 때문이다. 체르노젬이 없는 일본으로서는 부러울 따름이다. 미국에 스테이크와 햄버거 식문화가 발달한 이면에는 비옥한 흙이 있다.

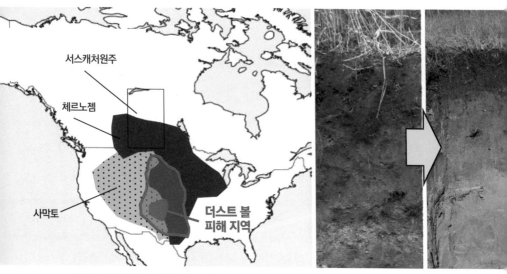

그림69 침식으로 지표가 얇아진 체르노젬

미국은 1920년대에 제1차 세계대전 중인 유럽으로 식량을 수출해 큰돈을 벌어들였다. 이를 가능하게 해준 것이 체르노젬이고, 식량 대량생산을 가능하게 한 것은 석유(즉 트랙터), 질소비료, 관개설비였다. 그러나 초원을 잃어버린 체르노젬은 무방비였다. 폭풍으로 인해 대량의 흙이 바람에 날려 마을을 휩쓸었다. 더스트 볼이라고 일컫는 재해가 수많은 농민을 난민으로 만들어버렸다(그림70). 비옥한 지표는 멀리 그린란드까지 날아갔다.[37]

체르노젬은 두께 20cm의 검은 부식층을 보유해야 하는데 이에 미치지 못하면 미숙토로 분류된다. 흙의 명칭마저 바뀌어버린 것이다.

그림70 더스트 볼(미국·텍사스주, 1935년). NOAA George E. Marsh Album 제공

우리는 토양침식이 천천히 진행되는 현상을 토양이 젊어진다고 말하지만, 단기간에 비옥한 지표가 사라지는 것은 토양의 열화(劣化)일 뿐이다.

1만 년에 걸쳐 만들어진 체르노젬은 근대농업이 시작된 지 겨우 100년 사이에 부식의 50%를 잃었을 것으로 추산된다.[27] 탄소를 저장하여 온난화를 늦추기 위해 일할 토양이 온난화를 가속화하고 말았다. 체르노젬은 사람에게 이용되지 않았기에 비옥했던 셈이다.

토양침식이 사회 문제가 되면서 우표와 흙을 둘 다 수집하는 내게 무시할 수 없는 일이 일어났다. 토양 보존을 내걸고 미국에서 국

그림71 미국 토양보전국 출범을 기념하는 우표. 유사 이래 흙이 우표에 등장한 유일한 사건

가기관인 토양보전국이 설립되었고, 이를 기념하는 우표가 발행된 것이다. 널리 보급되는 기념우표에 흙이 등장한 것은 (아마도) 이것이 처음이자 마지막이다(그림71).

삽도, 괭이도, 트랙터도 체르노젬에게 상처를 입힌다. 그래서 경작하지 않고 식물유체로 토양을 덮는 농법(불경기재배 不耕起栽培)이 보급되었다. 침식을 방지하면서 흙 속의 부식량을 10년간 3% 증가시킬 수 있다면 1ha당 5만 엔을 지불하는 사회적 가치가 있다고 추정된다.[38] 과보호라는 느낌도 들지만, 체르노젬은 상상 이상으로 섬세하다.

국제적인 환경문제 대응에 반드시 협조적이지는 않은 미국 정부가 세계에 앞장서서 흙을 지키기 시작한 것은 그것이 자기들의 삶을 지키는 길임을 통감했기 때문이다. 비옥한 체르노젬을 서로 빼앗고 혹사하는 미래는 위험만 있으며 빵과 스테이크와 햄버거를 지키는 현상 유지가 기껏해야 최선이라는 것을 뼈저리게 알게 된 것이다.

소고기덮밥을 뒷받침하는 흙과 소똥구리

증가하는 인구를 감당할 식량을 계속 체르노젬에 의존하기는 어렵다는 것을 알았다. 비옥한 흙을 놓고 싸우기보다 비옥하지 않은 흙을 비옥하게 바꾸는 쪽이 삽질하는 보람이 있을 듯하다. 물만 있으면 비옥하게 변화될 가능성이 있는 사막토나 균열점토질토양은 어떨까? 체르노젬만큼 기대감이 없으니 잃을 것이 적다. 풍화가 진행되지 않아 영양분도 풍부하다. 사막토는 넓지만, 거주 인구가 적다. 생산한 식량은 고스란히 식량 부족분에 충당된다. 사막토 극복이 추진되고 있는 곳이 '건조 대륙' 오스트레일리아다.

건조한 균열점토질토양에서는 면화와 밀이 재배되고 더 건조한 사막토에서는 일본산 쇠고기인 와규를 위협하는 OG비프의 'WAGYU(와규)'가 방목되고 있다. 스프링클러로 물만 뿌려주면 녹색 섬이 되어 소를 기를 수 있다. 우리가 먹는 소고기덮밥과 일부 순면 의류는 이곳에서 오고 있다. 이들 농지 확대나 식량생산의 구세주가 오스트레일리아에 입식한 사람들인 것 같지만 진정한 영웅은 소똥구리이다.

입식 후 소를 방목하기 시작한 사람들은 한 가지 큰 문제에 맞닥뜨렸다. 그것은 소의 배설물이었다. 소똥이 분해되지 않는 것이다. 소는 매일 대량의 똥을 눈다. 똥이라는 영양분 덩어리는 소똥구리에 의해 재활용되어 초원의 거름이 된다. 그런데 소똥구리가 일을 거부하는 바람에 양분의 재활용이 멈추고 말았다. 사람이라면 소화불량에 걸린 것이다. 똥이 분해되지 않고 남아 있는 비위생적인 환경에서 파리와 기생충이 크게 증식해 주민들에게 건강 피해까지 일으켰다.

소똥구리가 소똥의 분해를 거부한 데는 이유가 있다. 소똥구리와 장수풍뎅이를 포함한 풍뎅이상과(Scarabaeoidea, 풍뎅이上科)의 선조는 원래 쓰러진 나무나 버섯을 먹었다. 공룡이 번성한 백악기에 등장한 사슴벌레가 대표적이다(그림72).

그런데 여기서 갈라진 풍뎅이상과의 대부분 곤충은 똥을 주식으로 삼는다. 소똥구리의 변화를 부추긴 것은 공룡의 거대한 똥이라는 것이 정설이었지만, 최근에는 다양한 초식동물에 맞추어 각각의 똥을 전문으로 먹는 다양한 소똥구리가 생겨났을 것으로 보고 있다.[39] 그런데 애석하게도 오스트레일리아의 건조한 초지에는 캥거루 똥에 특화된 소똥구리는 있어도 소똥을 처리해줄 만한 곤충은 없었다.

수컷 소똥구리는 똥을 굴려 가며 둥글게 빚은 다음 땅에 구멍을

사슴벌레

소똥구리

1억 5,000만 년 전

9,000만 년 전

속씨식물
포유류 증가

공룡멸종

풍뎅이

5,000만 년 전

장수풍뎅이

그림72 풍뎅이상과의 진화. Ahrens et al.(2014)[39]을 토대로 작성

파서 그 안에 똥을 굴려 넣고, 암컷은 그 똥 속에 알을 낳는다. 균열
점토질토양이나 사막토는 건조하면 딱딱해지는데, 캥거루의 똥도
단단하다. 수백만 년 동안 단단한 똥과 딱딱한 흙을 매일같이 반복
적으로 처리하는 사이에 오스트레일리아의 소똥구리는 단단한 똥
처리 전문가가 되었다. 그래서 부드러운 소똥을 처리할 수 없었던
것이다.

오스트레일리아 사람들은 아프리카와 유럽에서 소 전문인 소똥

구리를 스카우트하여 오스트레일리아의 초지에 도입했다. 이렇게 해서 똥과 전염병 문제가 사라지고 똥의 영양분이 분해되어 토양으로 되돌아옴으로써 목초지의 생산성도 개선되었다. 오스트레일리아 사람들이 소를 입식하여 성공할 수 있었던 것은 사람뿐 아니라 소똥구리도 공헌한 덕분이다.

다만, 소똥구리는 공짜가 아니다. 1마리에 30엔 정도로, 소 50마리 정도를 키우는 소규모농가라도 1,000마리의 소똥구리가 필요하고 3만 엔 정도 비용이 든다. 또 소똥구리를 사들이면서까지 키운 WAGYU는 소고기덮밥이나 스테이크가 되는 것이지 세계의 굶주린 사람들을 위한 식량이 되는 것은 아니다. 주인공이 흙이 아닌 소똥구리인 이상 삽(나)이 나설 차례는 없다. 사막토는 삽이 나서기 전에 부족한 요소를 먼저 채워줄 필요가 있었다.

이와테현 넓이만 한 짠 흙

오스트레일리아 사람들이 소똥구리로 똥 문제를 해결하자 이번에는 물 부족을 해결해야 하는 과제가 기다리고 있었다. 아무리 소똥구리가 노력해도 물은 어찌할 도리가 없다. 물은 오스트레일리아만의 문제가 아니라 전 세계 건조지 농업의 아킬레스건이다. 큰 강이 없으면 지하수를 퍼 올리는 수밖에 없다. 이에 대해서는 반경 $1km$

의 팔을 가진 거대한 스프링클러가 주인공이라, 또다시 삽(나)이 나설 자리는 없다(그림73).

일본의 뒷산처럼 비가 많이 오는 지역에서는 암석의 풍화작용으로 방출된 나트륨은 물론 칼슘도 지하수와 하천으로 흘러나간다. 반면 건조지에서는 칼슘은커녕 나트륨 등 염류를 많이 함유한 지하수가 올라온다. 특히 한때 바다 밑이었던 북미 프레리 지하에는 옛날의 바닷물(화석수)이 잠들어 있다. 물론 염분을 듬뿍 함유한 화석수는 짜다.

물은 지표에서 증발하지만, 염류는 증발하지 않고 지면에 남는다. 이를 염해를 일으키는 염류집적이라 한다. 대량의 물로 위에서부터 씻어낼 수 있으면 다행이지만, 건조지에는 가장 중요한 물이 적다. 체르노젬과 균열점토질토양마저 짠 흙(사막토)이 되고 만다. 침식으로 인해 미숙토로 열화(劣化)하는 것보다 더 심각하다.

세계에서는 연간 150만 헥타르의 농지가 염류집적 때문에 버려지고 있다. 이 숫자는 일본에서 가장 넓은 '현'인 이와테현의 면적과 맞먹는데 공교롭게도 세계의 농지면적 증가 속도와 같다.[40] 농지를 늘리는 옆에서 농지가 줄어들고 있으니 노력하나 마나인 셈이다.

건조지의 체르노젬, 균열점토질토양, 사막토는 밀 재배, 소의 목초 생산을 통해서 빵, 우유, 치즈 등 우리의 아침밥을 제공한다. 아침밥 토양의 위기는 우리 식탁의 위기이기도 하다. 소고기덮밥이나 햄버거까지 고려하면 세 끼 식사에 더해서 야식마저 위험하다. 섬세한

그림73 비가 내리지 않는 지역을 녹지로 탈바꿈시키는 회전식 관개시설(거대 스프링클러)

체르노젬과 사막토에 지나친 기대를 걸면 스트레스로 짓눌려버린다. 농지를 새로 늘리지 못하고 기대했던 체르노젬에게도 무리하게 요구할 수 없는 상황에서는 결국 빈영양인 토양에 운명을 맡기는 수밖에 없다. 바로 옥시졸이다.

비옥한 흙의 연금술

70억 명이 살아가고 있는 지금, 세계의 식량 생산량은 필요량을 웃돌고 있다. 그런데도 개발도상국에서 굶주리는 사람들이 있는 것은 식량 분배의 문제이다. 개발도상국에 대한 식량 지원은 조건만 갖추면 유효하다. 다만 원래 식량 수송 체계와 공평하게 분배하는 체제가 없는 나라에서 식량 부족이 일어나고 있다는 것을 잊어서는 안 된다.

또 지원은 상시화하면 자칫 의존증에 빠진다. 캐나다의 영구동토 지대에서 생업을 버리고 도시 생활을 시작한 원주민들 사이에 보조금 의존과 알코올 의존증이 만연한 것이 한 예다. 그 옆에서 순록 방목이나 연어잡이를 하며 풍요롭게 살아가는 원주민의 모습은 땀 흘리며 일하는 것의 이유가 돈뿐만이 아니라고 가르쳐준다.

싱가포르 등 일부 국가를 제외한 선진국의 경제발전은 안정된 식량 자급에 힘입어 왔다. 식량자급률 40%인 일본이 말할 처지는 아

니지만, 자립한 국가는 식량 자급을 최우선 목표로 삼았으면 한다.

선진국이 많은 온대지역에 새로 농지가 들어설 만한 곳이 거의 없는 반면, 여러 개발도상국이 존재하는 열대지역에는 기회가 많이 남아 있다. 통계상으로는 현재 농지면적의 3배인 토지를 농지로 만들 수 있다고 한다.[34] 비옥한 점토집적토양은 이미 개척되었기에 남은 것은 주로 옥시졸 같은 빈영양인 토양이다. 이를 비옥하게 바꾸는 '연금술'은 존재할까?

현대 농업에는 트랙터와 화학비료와 농약도 있다. 트랙터로 흙을 갈고 화학비료와 농약을 뿌리고 관개를 하면 어떤 빈영양인 흙도 작물을 재배할 수 있을 것이다. 이것은 단지 공론이 아니라 1960년대 동남아시아에서는 품종개량, 화학비료나 농약 증가 등의 혁신을 통해 식량 증산에 성공했다. 농지면적도 적절히 증가하고 수확량은 몇 배로 늘었다. '녹색혁명'이라고 일컫는다.

그러나 녹색혁명이 성공한 것은 원래 물이 풍부하고 비옥한 흙(충적토)이 있던 지역에 한정된다(그림74).[41] 아프리카와 남미 옥시졸지대는 이에 해당하지 않는다. 이곳에서는 농지면적이 증가해도 면적당 수확량은 크게 늘지 않았다.

아무리 흙이 빈영양이라 해도 토양이 없는 화성보다 조건은 좋을 것이다. 비가 많고 막대한 태양에너지를 가진 옥시졸지대는 빈영양인 흙만 극복할 수 있다면 체르노좀을 능가하는 양의 식량을 생산할 가능성을 내포하고 있다. 원래 인구밀도가 낮은 옥시졸을 농지로 이

그림74 녹색혁명에 성공한 농업 대국 태국의 벼 풍경(나콘사완주)

용할 수 있으면 100억 명 분의 식량을 생산하는 지름길이 될 것이다.

세하도의 기적

남미나 아프리카의 옥시졸지대에 사람이 적은 것은 흙 외에도 이

유가 있다.

브라질에 토양을 연구하러 가기 전에는 말라리아에 대한 대책으로 여드름약을 처방받는다. 이미 여드름이 날 나이가 아니라서 조금 쑥스럽다. 파상풍, A형 간염, 광견병, 황열병백신 주사는 필수다. 인플루엔자 예방접종과 마찬가지로 어떤 것은 여러 번 맞아야 한다. 모두 해서 10만 엔. 일 때문에 하는 것이지만 모두 자기 부담이다. 몇 년마다 주사를 맞아야 효과가 지속하는 것도 있다. 연구를 계속한다는 것은 팔과 호주머니에 상상 이상의 아픔을 동반한다. 이토록 애를 써도 가장 무서운 질병 중 하나인 샤가스병(아프리카에서는 아프리카 수면병)에 특효약은 없다. 옥시졸 대지에서 사는 어려움을 미리 절감하게 된다.

브라질은 식민지 시대부터 커피와 사탕수수의 대산지로 유명한데, 이들은 편재하는 비옥한 점토집적토양을 골라서 재배되어왔다. 대부분 옥시졸은 한번 사용되고 말거나 그냥 내버려진 채였다.

브라질 북부에 펼쳐진 아마존 열대우림은 남으로 내려갈수록 열대 사바나(초원에 나무가 드문드문 있는) 경관으로 변한다. 세하도(Cerrado)라고 한다. 세하도는 반딧불처럼 발광하는 벌레가 사는 '빛나는 개미 무덤'이 흩어져 있는 곳으로 일본에서도 널리 알려진 장소이다. 다만, 적토(赤土) 마운드의 주민은 개미가 아니라 흰개미, 생물학적으로는 바퀴벌레의 동료이다. 그리고 실제로는 반짝이지 않는 평범한 것이 압도적으로 많다(그림75 오른쪽). 이 책에서는 흙이 반짝이느냐보다 식량을 생산해주느냐를 중시한다. 이 관점에서 보면 역시 빈영양인 옥시졸이다.

목재 자원이 있는 아마존 열대우림과 달리 세하도는 특산물이 부족하고 농업에도 적합하지 않은 불모의 대지가 펼쳐져 있다. 그래서 브라질 내에서도 구제 불능의 가난한 지역으로 여겨져 왔다. 노후화(풍화)한 옥시졸에는 칼슘과 인이 없다. 이 두 가지는 뼈를 구성하는 주성분이다. 칼슘과 인이 결핍된 목초나 작물을 먹고 사는 소나 사람에게 골절이 만성화돼 있었다. 옥시졸은 건강에까지 장애를 가져온다.[42]

그런데 1970년대부터 일본을 포함한 외국자본이 중심이 되어 사바나를 대규모로 개척한 결과, 세하도는 광대한 목초지, 콩, 옥수수밭으로 변모했다(그림75 왼쪽). 거기서 소를 사육하자 소고기의 대산지가 되었다. 미국의 스테이크 생산시스템과 다른 점은 토양이 체르노젬이 아니라 빈영양인 옥시졸이라는 점이다. 낙오자라는 낙인이 찍혔던 옥시졸지대가 우등생으로 바뀌었다. 이러한 대변신은 '세하도의 기적'으로까지 말해진다.

옥시졸에는 두 가지 문제가 있었다. 우선 옥시졸이 붉은 원인인 산화철점토는 인산이온을 흡착하는 능력이 강하다. 인산비료를 적게 뿌리면 식물에 도달하기 전에 점토에 빼앗겨버린다. 이 문제를 해결하기 위해 점토의 흡착력을 능가하는 인산비료를 대량으로 뿌린다. 돈의 힘이다.

그림75 대규모 콩농업(왼쪽: (C) ZUMAPRESS / amanaimages)과 흰개미 무덤이 흩어져 있는 경관(오른쪽). 브라질

또 하나의 문제는 토양이 산성이라는 점이다. 옥시졸은 원래 산성토양인데 콩 재배를 하면 더욱더 산성으로 치우친다. 콩은 대기 중의 질소를 고정해주지만 남아도는 질소는 질산으로 변하기 때문이다(그림76). 이 문제를 극복하기 위해 석회비료를 듬뿍 뿌린다. 역시 돈의 힘이다.

두 문제를 극복한 곳에는 배수성과 통기성이 좋은 비옥한 흙이 기다리고 있었다. 옥시졸에 많은 카올린점토나 산화철점토는 전기량이 높지 않아 반발하기 어렵다. 점토끼리 연결된 구조(단립구조)에 의해 통기성이나 배수성이 좋아 밭갈이도 생략할 수 있다. 대규모

그림76 콩에서는 뿌리혹 세균이 질소를 고정한다. 다만, 토양에서는 질산이 생겨나 산성이 되기 쉽다.

기계화 농업과 궁합이 잘 맞는다. 비옥한 흙의 '연금술'로 브라질의 옥시졸은 세계 스테이크 공장의 지위를 확립했다. 현지 주민의 빈곤이나 생태계 파괴라는 문제는 있지만, 토양개량은 축구 강국인 브라질을 농업 대국의 자리에 올려놓았다.

아프리카의 열대우림에는 브라질과 같은 옥시졸이 펼쳐진다. 같은 토양에는 같은 개량기술을 이전할 수 있는 확률이 높다. 그래야 세계의 토양을 12종류로 나눈 보람이 있는 것이다. 세하도의 성공 사례는 같은 옥시졸이 있는 아프리카에도 응용할 수 있을 것이다. 단, 유럽과 미국의 농지개발에는 정치적 안정과 인프라(도로) 정비가 대전제가 된다. 또 세하도 개발은 선진국들에게 스테이크나 햄버거, 그리고 소고기덮밥을 제공했지만 본래 도움이 필요했을 현지 사람들을 배부르게 한 것은 아니다. 거대 기업(곡물 메이저)이 운영하는 거대 농장에서 트랙터가 앞서 달리는 가운데 일개 연구자가 간섭할 여지는 없다(그림75 왼쪽). 자신의 무력함을 통감한 내 삶은 허무하게 허공을 갈랐다.

사막토의 스프링클러도, 소똥구리도, 세하도의 화학비료도 큰 성과지만, 이것이 누구에게나 가능한 것은 아니다. 앞으로 인구가 더 증가할 아시아와 아프리카 개발도상국에서 효율은 다소 낮더라도 식량을 자급할 방법이 없을까? 목표는 삽 하나로 시작할 수 있는 토양개량이다.

강풍화된 적황색토에서는 안 되는 까닭

삽을 활용할 기회를 찾아 내가 다다른 곳은 인도네시아였다. 한 계점까지 최대로 농지를 이용하고 있는 동남아시아에도 인구의 공백지대가 있다. 보르네오섬(칼리만탄)이다. 옆의 자바섬과 비교하면 인구밀도는 100분의 1밖에 되지 않는다. 이것은 흙의 차이 때문이다. 보르네오섬의 인구밀도가 낮다는 것은 바꿔 말하자면 성장 폭이 크다는 뜻이다.

자바섬은 비옥한 화산재토양이지만 보르네오섬에는 퇴적암 중에서도 모래가 많은 사암이 펼쳐져 있다. 영양분이 부족한 강풍화된 적황색토이다.

비옥하고 풍요로운 흙을 가진 일본에서 찾아온 연구자가 이 현장을 보고 포기하는 것은 간단하다. 하지만 불모인 옥시졸을 개량할 수 있었다면 운모나 버미큘라이트가 풍부한 강풍화된 적황색토를 개량하지 못할 리가 없다. 일본 뒷산에서 쌓아 올린 이론이 이 농업 현장에 통용될 수 있을까? 솔직히 나 자신도 반신반의하지만, 100% 확신을 갖지 못하기에 연구해볼 가치가 있다.

자바섬과 보르네오섬의 흙의 차이는 어째서 100배나 되는 인구부양력의 차이를 낳을까? 먼저 여기서부터 알아볼 필요가 있다.

자바섬이라고 하면 일본에서는 자바카레(일본 하우스식품이 판매하는 즉석 고체형 카레의 상품명_역주)가 유명하지만, 인도네시아에 그런

요리는 없다. 일본의 덴신돈부리(일본식 중화요리인 계란덮밥_역주)가 중국에 존재하지 않는 것과 같다. 자바섬 농촌에는 바나나, 얌감자, 타로토란(토란의 일종) 밭이나 논이 산재한다(그림77).

뒤섞여 있는 것처럼 보이지만 배수가 좋은 화산재토양에 바나나와 얌감자, 과습한 저지토양(미숙토)에 벼와 타로토란이 계획적으로 심겨 있다. 생산력이 높다는 것은 밭흙에서 양분이 많이 반출된다는 뜻이지만 종종 일어나는 화산 폭발로 새로운 영양분이 공급되기에 높은 생산력 유지가 가능하다. 농작물의 계획적인 배치와 화산의 혜택으로 높은 생산성을 유지하는 구조가 자바섬의 높은 인구밀도를 계속 뒷받침해온 것이다.

인도네시아 정부는 자바섬 인구가 한계에 다다르자 빈민층 자바인들을 보르네오섬으로 이주시키는 정책을 취했다. 이는 인도네시아 국내의 한 사례에 불과하지만 100억 명 시대를 맞이할 지구에서 일어날 수 있는 문제를 먼저 보여준 듯하다. 문제는, 사람은 생업과 문화를 쉽게 바꿀 수 없는 데다 이주한 곳에 이전과 똑같은 흙이 존재하는 건 아니라는 점이다.

보르네오섬에 입식한 사람들은 열대우림을 벌채·개간해 자바섬과 같은 농업을 시작하지만 번번이 실패했다. 같은 인도네시아라도 산성인 강풍화된 적황색토에서는 자바섬의 푹신푹신한 화산재토양에서처럼 부드럽고 맛있는 감자를 수확할 수 없다.[43] 논으로 사용하려고 해도 토양이 산성이어서 벼 이삭이 익지 않는다. 벼를 병해에

바나나

바나나

바나나

얌감자

타로토란

그림77 바나나와 타로토란과 얌감자의 재배 풍경과 비옥한 화산재토양(인도네시아 자바섬)

강하게 만들어주는 규소의 공급도 부족해서 벼가 쉽게 병에 걸린다 (그림78). 보르네오섬에 원래 사람이 적었던 데는 이유가 있었다. 이런 현상은 내버려두면 흙이 산성이 되는 일본 밭에서도 마찬가지라서, 일본에서도 석회비료(고토석회 등) 사용을 게을리하면 산성에 약한 작물은 시들어버린다.

브라질의 빈영양인 옥시졸의 경우에는 점토가 영양분을 많이 유지할 수 없다. 대신 점토에 붙는 유해한 알루미늄이온의 양은 다른 산성토양보다 적다. 인간에게 비유하자면 금세 화를 내지만 쌓아두지 않는 유형이다. 석회비료라는 선물(산의 중화)을 주기만 하면 다시 이전과 똑같이 분발해준다.

이에 반해 동남아시아의 강풍화된 적황색토에서는 버미큘라이트로 유지되었던 칼슘이온이나 칼륨이온이 없어지면 서서히 알루미늄이온이 점토의 마이너스 전하를 점거한다. 당분간은 그대로 견디지만 알루미늄이온 일부가 물에 녹아내리면 식물 뿌리가 훼손된다. 이쪽은 참을성이 강한 대신 모든 것을 기억하고 일단 인내심이 한계에 이르면 손을 쓸 수 없게 되는 유형이다. 석회비료(선물)의 임기응변도 통하지 않는다.

작물을 대량생산할 수 없는 이상 거기에 투자하겠다고 나서는 너그러운 기업은 없다. 식민 지배를 했던 네덜란드도 보르네오섬에서는 과도한 농지 이용을 피하고 열대우림으로서 목재 자원을 이용했고 이후에도 천연고무나 기름야자농원(오일팜)을 선택해왔다. 이들은 각각 자동차 타이어나 포테이토칩으로 우리 생활에 도움을 주지만, 정작 중요한 작물을 재배하지 못하면 현지 사람들이 먹고살아갈 수 없다.

그림78 보르네오섬의 산성토양에서 생강은 잘 자라지만(왼쪽), 벼는 제대로 익지 않는다(오른쪽).

흙이 팔린다

애석하게도 농업을 포기한 사람들은 흙을 팔기 시작했다. 높이 60m 급의 열대우림을 떠받치는 강풍화된 적황색토에서는 강렬한 산성화로 인해 철과 알루미늄의 점토가 없어지고 결국에는 모래만 남는다(그림79). 침식당해 해안까지 옮겨진 모래는 놀라울 정도로 희다. 보르네오섬의 원주민(이반족)들도 사질토양을 케란가스(Kerangas, 육벼가 자라지 않는 모래땅)라며 특별하게 여기고 있다.

백사장에 푸른 바다. 연구 과제만 없다면 아무도 없는 열대 해변을 독점할 수 있다. 그런데 모래사장을 가만히 보니 쓰레기가 둥둥

떠 있고 강 하구에서는 사후 경직된 개까지 흘러왔다. 인도네시아가 토양보다 먼저 해결해야 할 주제는 쓰레기 문제라는 것을 절감했다.

인근 채굴장에 가면 간단하게 조사를 할 수 있다. 내가 굳이 흙을 파지 않아도 불도저가 깊이 $10m$ 정도의 단면을 깔끔하게 파내고 있다. 모래(규사)는 콘크리트, 유리창의 원료로 도로나 건축물이 된다. 자연과 동떨어진 공간을 도맡고 있는 고층 빌딩가의 콘크리트와 유리창은 사실 모두 흙으로 이루어져 있다. 그 재료로서 모래가 상품 가치를 갖는다.

우리가 세계에서 소비하는 공사용 모래의 양은 최소 400억 톤이다.[44] 이렇게 들으면 상상이 잘 안 되는데 높이 $100m$, 폭 $10m$의 콘크리트 벽으로 적도를 한 바퀴 돌 수 있는 양이다. 베를린 장벽과 만리장성도 능가하는 규모의 모래를 매년 소비하고 있는 셈이다. 이는 세계의 하천이 바다로 운반하는 모래 양의 2배와 맞먹는다. 즉 모래가 생기는 속도보다 2배 빠르게 모래가 소비되고 있다. 생산 속도와 소비 속도가 맞아떨어지는 상태를 '지속적'이라고 한다면, 이 상태는 지속적이기는커녕 파괴적이다. 모래 정도는 어디에나 있을 것으로 생각하기 쉽지만 지금 모래 자원이 세계적으로 고갈되기 시작하고 있다.[45]

인도네시아의 가옥은 벽돌로 지은 것이 많은데, 철을 많이 함유한 점토질 흙을 골라서 만든다. 그럼, 모래는 어디로 갔을까?

이곳 모래의 소비지는 바다 건너 싱가포르이다. 흙이라면 얼마든지 있는 인도네시아에 비해 돈을 지불해서라도 흙을 갖고 싶은 싱가포르. 양자의 이해가 맞아떨어진다. 인도네시아의 섬들은 해안선이 후퇴할 정도로 모래를 팔아치웠다. 2007년에 인도네시아 정부는 싱가포르에 대한 모래 수출을 금지했지만, 밀수는 계속되고 있다. 문자 그대로 국'토'가 줄고 있다. 장차 식량 공급을 보증해야 할 토지가 벼는커녕 아무것도 자라지 않는 장소가 되고 말았다. 이것이 인도네시아만의 이야기는 아니다. 식량과 토지 자원은, 몇 년 단위의 경제를 눈금저울로 표기하는 현대 세계의 축소도이다.

돈이 없다, 시간도 없다

열대우림이 토양 열화(劣化)로 인해 파괴되고 그 때문에 농민들이 고통받고 있다. 이런 이야기가 교과서나 일반 서적에 자주 비극적으로 언급되곤 한다. 그런데 이를 곧이곧대로 받아들이고 현장에 와서 보니 금세 의아스러워진다. 실제로는 비장감이 별로 느껴지지 않는다. 인도네시아 농민들은 자기들이 할 수 있는 일, 꼭 해야 하는 일에 집중하면서 현실을 받아들이고 있다.

물론 열대우림의 현실은 녹녹하지 않다. 병에 걸려도 돈이 없어 병원에 갈 수 없다. 아예 병원이 없다. 학교도 충분치 않다. 불법 벌목을 꾀하는 사람도 있고 조사지(대학 연습림)를 베어내고 화전을 벌이려는 사람도 있다. 이들은 강풍화된 적황색토의 지속적인 사용법을 몰라 금세 포기하고 다음 밭으로 옮겨간다. 비료를 산다는 선택지도 돈이 없으면 불가능하다. 그곳에 있는 자원만으로 흙을 개량할 수밖에 없다. 화학비료도, 스프링클러도, 소똥구리도 아니다. 기다리고 기다리던 나의 삽이 나설 차례.

토양을 개량할 수 있는 기술이 있다고 해도 농민은 이익이 되지 않으면 받아들이지 않는다. 품이 많이 들어도 안 된다. 일본이라면 흙의 전체 성분을 분석해 자기 밭의 문제점을 알아내고 농협이나 농가 주인 스스로 비료 방식을 개선할 수 있다. 그러나 흙의 건강검진(토양진단)을 하려면 분석장치가 필요하고, 복잡한 계산도 해야 한다. 이것은 선진국의 기술이다. 개발도상국의 현장과는 거리가 멀다. 도쿄농업대학의 초대 학장인 요코이 도키요시는 일찍이 "농학이 번창하고 농업이 망한다"라고 말했다. 개발도상국의 현장에 맞는 기술이 필요하다.

보르네오섬에는 석탄층이 비교적 얕은 지층에 나타나는데, 1m쯤 파 내려가면 석탄이 나오는 곳도 있다(그림80). 모래를 판 농민처럼 당장 현금수입을 얻을 수 있는 수단으로 내달리는 사례도 많다. 질 나쁜 석탄은 헐값에 팔려나가고 파헤쳐진 곳은 다시 농지로 회복할 수 없게 된다. 열대 이탄지와 마찬가지로 황화철(파이라이트)이 산화되어 황산이 발생해 원래 산성인 강풍화된 적황색토(pH4)를 더욱 강한 산성토양(pH2)으로 만들기 때문이다.

석탄을 태운 재(石炭灰, 석탄회)는 강알칼리성이다. 석탄을 수입한 선진국에서는 그것을 비료로 바꾸어 다시 인도네시아로 돌려보내 산성토양을 개량하려고 시도하고 있다. 그러나 이 선의의 진짜 목적은 쓰레기 처리다. 석탄회에는 중금속이 고농도로 함유되어 있고 위험성이 높다. 지금까지는 인도네시아 정부가 수입을 금지하고 있지만, 앞으로의 일은 예단하기 어렵다. 모래 수출의 사례를 보면 알 수 있다. 인도네시아 사람들에게 자신의 밭에서 할 수 없는 것을 강요해서는 안 된다. 더 안전하고 간단한 기술이 필요한데 연구에 허용되는 시간도 길지 않다.

옥시졸이나 균열점토질토양을 개량한 화학비료도 소똥구리도

그림80 석탄 채굴 모습. 채굴된 후에는 아무것도 자라지 않는다(인도네시아, 동칼리만탄주).

선진국의 투자가 있었기에 가능했다. 인도네시아에는 그것이 없다.
토양개량이 어렵고 대규모 비즈니스는 어림도 없는 지역에 투자를
기대할 수 없다. 돈도 시간도 없는 것이다.

삽 한 자루로 시작하는 토양개량

9 ha(300m×300m)의 광대한 조사구역이 내게 주어졌다. 일찍이 물라와르만대학 열대강우림조림연구센터(동칼리만탄주)와 일본의 공동연구프로젝트가 조성한 곳이다. 조사구역을 설치할 때까지는 좋았지만 그 후 여러 차례 산불이 발생해 열대림은 크게 훼손되고 식생도 바뀌어버렸다. 원인은 엘니뇨에 의한 건조와 인근 화전(들불)이었다고 한다. 물라와르만대학 열대강우림조림연구센터의 모두가 총출동하여 산불로부터 이곳을 필사적으로 지켜냈다. 아름다운 실험재료라고는 할 수 없으나 드문드문 화재의 흔적을 남긴 9 ha의 조사구역은 피와 땀의 결정체이다.

9 ha의 토지를 파고 있으면 앞선 연구자들에게 왜 이렇게 큰 조사지를 만들었냐고 소리치고 싶어진다. 기성을 터뜨리는 원숭이(나)를, 나무 위에서 원숭이가 웃으며 내려다보고 있다(그림81).

그런 내게 삽의 신이 미소 지었다. 시료 창고를 정리하다가 조사구역 주변에서 30년 전에 채취한 흙을 발견한 것이다. 화재가 일어나기 전의 흙이었다. 어디서 어느 흙을 팠는지 보물지도까지 딸려 있었다. 그야말로 우연한 발견물이다. 화재가 일어나 식생도 크게 변해버렸지만 30년 전의 그 장소를 조사하면 식생 변화에 따른 토양의 변화 양상을 알 수 있다. 이번에는 앞선 연구자들에게 감사할 수밖에 없다.

그림81 나무 위에서 웃는 붉은잎원숭이(긴꼬리원숭이과, 보르네오섬)(위)
그림82 선구식물인 마카랑가 잎(아래)

보르네오섬의 경우, 화재나 화전 후에 버려진 토지의 운명은 네 가지로 나뉜다. 마카랑가 숲, 아카시아 숲, 띠초원, 기름야자농원이다. 이 중 첫 세 가지는 내버려 둬도 저절로 자라나는 식물이다. 그럼, 화재 후 식물의 변화로 토양은 어떻게 변했을까?

산불이 발생한 후 가장 먼저 생겨나는 것이 선구식물인 마카랑가이다(그림82). 잎 한 개의 면적이 크고 공생하는 개미가 그 잎을 지킨다. 흙만 파고 있는 데도 개미들이 덮쳐온다. 흙을 파면서 뿌리를 훼손했기 때문일 것이다. 원생림의 이엽시과 수목이 소나무처럼 외생균근균과 공생한 잔뿌리를 이루는 것과 비교하면 마카랑가 뿌리는 상당히 굵다. 양분을 흡수하는 능력이 크지 않으리라고 얕보았지만 굵기에 비해 다량의 유기산을 방출한다. 이를 통해 점토에 붙들려 있는 인산을 녹여낸다. 결과적으로 마카랑가는 많은 인을 흡수할 수 있다. 인을 풍부하게 함유한 마카랑가 낙엽을 재료로 한 부식도 인을 많이 함유한다.

훨씬 더 대규모 산불이 났던 곳에는 마카랑가조차 자라지 않는다. 그곳에는 불모지인 띠초원이 펼쳐졌다(그림83). 띠는 일본에서도 길가에 나 있는 벼과 잡초이다. 질소나 인은 부족하지만, 칼륨이 많이 함유되어 있다. 마른 초원은 곧잘 불이 나서 그 재가 흙에 더해진다. 거기에는 다시 띠가 자란다. 압도적인 생명력이다.

삼림이 회복되기까지 미처 기다릴 수 없었던 사람들은 외래종인 아카시아를 심었다. 그러자 곧바로 천연수종을 몰아내고 숲속에 퍼

그림83 띠 초원. 그 너머는 아카시아 숲이다(왼쪽). 띠 초원은 잘 자라고 화재도 자주 발생한다. 건조기에 들불로 인해 소실된 조사지(오른쪽)

져버렸다. 아카시아는 대기 중의 질소가스를 이용할 수 있는 콩과 식물로 빈영양인 토양에서 높은 경쟁력을 지닌다. 일본에서도 흙이 없는 바위 위에 가장 먼저 생기는 것은 언제나 비슷한 능력을 갖춘 식물들이다. 질소를 많이 함유한 아카시아 낙엽을 재료로 한 부식은 역시 질소를 많이 함유한다.

자세히 보니 질소·인·칼륨이라는 3대 영양소를 모으는 식물이 있고, 각각의 식물을 그러모은 만큼 지표의 양분이 증가했다는 것을 알 수 있었다. 식물을 보면 그곳을 베어내고 태웠을 때 어떤 비료를 보완해주면 수확량이 증가할지 알 수 있다. 예컨대 마카랑가 숲을 베어냈을 때는 인산이 증가하므로 여분의 아카시아와 띠의 낙엽을 가져와 태우면 부족한 영양분(질소와 칼륨)을 보완할 수 있다. 이 사소한 기술의 강점은 세 가지 식물 자재를 현지에서 얼마든지 공짜로 구할 수 있다는 것이다.

수확량이 증가하면 농지를 버리고 새로 숲을 벌채할 필요가 없어진다. 원래 채소가 적은 열대우림 사람들은 숲의 과일로부터 비타민을 보충한다. 숲도 소중히 하고 싶을 것이다. 기술 보급은 이제 시작 단계이지만 현지인들도 기뻐했다. 뒷산 흙의 성분 조사에서 시작한 연구가 처음으로 타인에게 도움이 되는 목표로 발전했다.

개인적으로 만족스러웠지만 이것은 하나의 사례일 뿐이다. 100억 명은 고사하고 100명에게나마 도움이 될지 의문이다. 대규모 작업을 할 수 없는 것이 삽의 약점이지만 삽과 간단한 지식을 사용하는 것은 강점이다. 세계에서 가장 나쁜 흙으로 소개된 태국 동북부의 사질토양에서는 사탕수수밭의 비탈 아래에 망고를 심음으로써 밭에서 흘러넘친 물과 양분을 회수하면서 과일도 얻을 수 있는 기술의 유효성을 확인했다.[17] 이것은 여러 가지 의미에서 하나의 '맛있는' 궁리다. 이렇게 조금씩이나마 생활을 개선할 수 있을지 모른다.

자기 발밑의 흙이 무엇이고 어떤 특징을 가졌는지 알아내서 공유할 수 있으면 현지인들로부터 더 좋은 아이디어를 끌어낼 수 있을 것이다. 어디선가 새로운 흙을 찾아내지 않더라도 발밑의 흙에 여전히 가능성과 희망이 있다.

4장

우리 주변의
흙과 숙제

구로보쿠토를 극복하다

뒷산에서 세계로 향한 눈을 다시 내가 생활하는 일본으로 돌려보자. '100억 명을 먹여 살릴 식량'이라는 주제는 인구가 계속 줄고 있는 풍요로운 일본에서는 선뜻 감이 오지 않는다. 인구분포를 보면 일본은 온난하고 물도 풍부하다. 흙 상태도 나쁘지 않은 것 같다.

인도네시아에서 농가와 인터뷰를 하면 경제원조가 목적인지 "흙 상태가 나쁘다"라고만 대답한다. 내 배후에 일본 정부가 있는 줄 착각하고 있는 걸까? 그런데 일본의 식자재 산지를 돌아다니는 TV 프로그램을 보면 농가 주인들은 "흙이 좋다"라는 칭찬만 한다. 일본의 흙은 정말 비옥한 걸까?

채소 재배가 한창인 간토지방(關東地方 관동지방. 도쿄도를 중심으로 한 그 주변 6개 현이 있는 지역_역주)의 구로보쿠토 밭으로 가보자.

나는 예전에 파밭이 펼쳐진 이바라키현 우시쿠시의 한 슈퍼마켓에서 별 생각 없이 대파 하나를 집어 장바구니에 담았다가 그 모습을 보고 있던 파 농가 아저씨에게 혼난 적이 있다. 대파는 흰 부분이 길고 굵게 쭉 뻗은 것이 상등품이니 그것을 사야 한다는 것이다. 나는 파 고르는 법도 모르고 재배하는 법도 모른다. 그래서 밭의 한 귀퉁이를 빌려 직접 알아보기로 했다.

내가 흙에 관해 묻자 농가 주인은 "놋포닷페"라고 대답했다. 색이 검은 '놋포(のっぼ)'는 간토지방 북부에 한정된 구로보쿠토의 호칭이다. 어미인 '닷페(だっぺ)'는 이바라키현의 방언이다.

농가 주인이 봄에는 파가 아니라 우엉을 재배한다고 해서 나도 따라서 우엉을 골랐는데, 파를 선택할 걸 하고 곧 후회했다. 일본에서는 우엉조림이 단골 반찬이지만 세계적으로 우엉을 먹는 나라는 적다. 전쟁 포로에게 우엉을 먹인 것을 두고 일본군이 학대했다고 떠들썩한 적도 있었다고 한다. 우엉을 영역한 'edible burdock'은 국제적으로 이해나 평가를 얻기 어렵다. 당시에는 이런 약점이, 관점만 바꾸면, 일본에서만 가능한 연구를 할 수 있는 강점이 될 수 있다는 것을 좀처럼 깨닫지 못했다.

나는 우엉을 재배한 경험이 없었지만, 실험구획에서 진행하므로 농가 주인에게는 일절 도움을 받지 않기로 했다(나중에 콤바인이 내 실험구역을 뭉개버렸지만). 일본의 농지토양은 비료를 너무 많이 준다는데, 정말일까? 무비료인 조건에서 재배하면 이를 확인할 수 있다.

태국 동북부에서 사탕수수를 재배했을 때는 비료를 주지 않으면 아무것도 자라지 않았는데, 그곳은 세계에서 가장 나쁜 흙이었다. 일본은 다르다. 이미 인산이 풍부하다는 데이터도 나와 있다. 농가 주인은 비료를 별로 주지 않는 데도 작물들을 능숙하게 키우고 있었다. 비료를 줄이는 것은 수백 년 후에 고갈되리라는 인 자원을 유효하게 활용한다는 의의가 있다. 구로보쿠토(우리나라에서는 화산회토라고 한다_역주)치고는 부식층이 조금 얇은 듯했지만, 문제는 없을 것이다.

이론만 충분히 늘어놓았다. 그런데 말이다. 내가 심은 우엉은 건강하게 자라지 않았다. 아무리 과거에 시비가 충분했다 하더라도 비료를 주지 않아도 잘될 만큼 만만하지 않았다. 그러나 잡초는 건강하게 자라난다. 무더운 여름은 작물뿐 아니라 잡초가 생육하기에 절호의 조건이다.

이름뿐인 농가의 장남은 흙에 대해 '말하는' 것은 잘해도 흙을 사용하는 것은 서툴렀다. 항간에는 '무농약·무비료'를 내세운 채소도 판매되고 있지만, 비료를 주지 않아도 잘 자라는 이유는 과거 1만 년 동안 구로보쿠토에 축적된 부식, 질소, 인이 잠들어 있고 오랜 세월 길렀던 프로농부의 비법이 있기 때문이다.

자세히 관찰하니 밭 한 뙈기 중에 북쪽 지표면만 훨씬 높았다. 바람을 타고 날아온 화산재는 가볍고 구로보쿠토는 경작하기 쉬운 대신 쉽게 날린다. 봄바람이 불어오면 마른 모래 먼지가 흩날려 눈을 뜨고 있을 수 없다. 모래폭풍의 고충 대책으로 밭을 에워싸듯 심은

그림84 방풍림 덕분에 오른쪽 밭흙이 한층 높아졌다(이바라키현 우시쿠시).

관목 옆에 비옥한 모래 먼지가 쌓여 한층 높아진 것이다. 농가 주인
은 말 그대로 '훨씬' 비옥한 장소에서 자신의 집에서 먹는 채소를 재
배하고 있었다. 그는 화학분석을 하지 않아도 비옥한 장소를 알고
있었다(그림84). 나와는 출발선부터 달랐다.

　우엉에게 부족했던 것은 사랑만이 아니라 인산이었다. 2장에서
시커먼 구로보쿠토에는 아직 부식을 흡착하는 힘이 있다며 순진하
게 좋아했지만, 점토(앨러페인)는 부식보다 훨씬 더 인산이온을 강하
게 흡착한다(그림18, 44쪽). 인산이온이 점토에 한 번 흡착되면 쉽게

놓여나지 않는다. 공교롭게도 인산은 식물뿐 아니라 점토에게도 인기가 있다.

부식을 많이 함유해서 비옥해 보이는 마성의 흙이 실제로는 비옥하지 않았다. '놋포'라는 특별한 이름을 지닌 것은 문제가 있는 토양을 식별하기 위해서였다. 식량이 부족한 상황이었던 일본이 제2차 세계대전에서 만주와 대만에 활로를 찾는 한편으로, 논이 안 되는 구로보쿠토 대부분은 내내 억새들판이었다.

제2차 세계대전 후 중국 동북부(옛 만주)에서 귀국한 사람들은 만주의 체르노젬과는 '비슷하지만 다른' 구로보쿠토의 개간에 시달리게 된다. 점토에 흡착하는 인산이온과 산성해(알루미늄이온 해)로 인해 생육 불량이 잇따랐다. 그동안 농지로 이용되지 않았던 것도 이유가 있었다.

전환점이 된 것은 일본의 경제성장이다. 일본 '엔'의 힘이 오늘날의 구로보쿠토 모습으로 개량한 것이다. 밭에 뿌린 것은 돈다발이 아니라 인산과 석회 비료다. 인도네시아에서는 구할 수 없었던 화학비료지만 현재 일본에서는 오히려 비료 과다 투여가 문제가 되는 형편이다. 축산지역에서는 분뇨로 만든 퇴비와 화학비료를 과다하게 사용해서 하천의 수질 악화(부영양화)까지 문제가 되고 있다.

구로보쿠토를 경작하면 부식의 분해나 침식으로 인해 비옥한 지표가 없어진다. 부식층이 얇은 것은 그 때문이다. 특히 매년 연속해서 같은 작물이나 같은 과 또는 속 작물을 재배하면(연작이라고 한다)

그림85 구로보쿠토 밭에서 우엉을 뽑아내는 모습. 왼편 뒤쪽은 휴경 중이다.

토양 내 영양균형이 깨져 작물의 생육이 나빠지거나 특정 미생물(병원균)이 혼자 기승을 부려 증식하기 때문에 작물이 병해를 입기 쉽다. 이것을 연작장해 혹은 기지(忌地)현상이라고 한다.

주변의 우엉밭들을 관찰해보니 첫해에 밭 반쪽 면에서 우엉을 재배하고 이듬해에 다른 반쪽 면에서 우엉을 재배했다. 그 이듬해에는 다시 이전 해의 밭으로 돌아간다. 주기는 화전 농업보다 짧지만 한해 걸러 밭을 이동했다. 이렇게 하면 밭 전체에서 우엉을 재배하는 것보다 수확량이 2분의 1로 줄어든다. 길이가 60cm가 넘는 우엉을 재배하려면 구로보쿠토를 깊이 일구는 전용 기계도 필요하다. 수확할 때도 흙 속에서 우엉을 뽑아내는 또 다른 전용 기계가 필요하다 (그림85).

비용이 많이 들기에 많이 수확하는 게 당연히 좋을 것이다. 그런데도 그렇게 하지 않는 것은 연작장해의 피해가 무섭기 때문이다. 우엉은 특히 연작에 약한 식물이지만, 대부분의 밭작물도 연작하면 수확량이 떨어진다. 잡초, 병원균, 영양분 결핍…… 밭에는 수확량을 제한하는 장해가 많다. 한가로운 농장으로 보이지만 실제로는 농가가 애써 지켜내는 전쟁터였다.

화산재토양에서 인을 채굴하기

일본의 화산재토양에는 인산이 많이 흡착되어 잠들어 있다. 우엉으로는 잘 안 되었지만, 인을 잘 흡수할 수 있는 식물을 사용하면 과잉으로 시용(施用)된 인산을 회수할 수 있을 것이다. 그렇다면 지구에도, 호주머니에도 착한 기술이 된다.

자바섬의 화산재토양에서는 바나나와 벼도 잘 자란다. 하와이도 화산재토양이지만 마카다미아는 제대로 열매를 맺는다. 하와이 특

그림86 마카다미아가 지닌 프로테오이드 뿌리. 유기산을 방출함으로써 흙으로부터 인산을 녹여내는 능력이 뛰어나다.(Lambers et al., 2008)

산품의 스테디셀러인 마카다미아너트 초콜릿이 그 증거다. 오스트레일리아의 열대우림에서 원주민(아보리지니)의 귀중한 식자재인 마카다미아너트가 하와이에서 대량생산할 수 있게 된 것은 옥시졸에서 단련된 잔뿌리가 다발이 되어 유기산(구연산)을 방출함으로써 점토와 결합한 인산이온을 녹여낼 수 있기 때문이다.

그런데 마카다미아와 같은 종류로 솔 모양의 꽃을 피우는 방크시아라면 오스트레일리아까지 가지 않아도 동네 꽃집 진열대에서 찾을 수 있다. 방크시아는 선명한 꽃과는 어울리지 않게 오싹할 정도로 섬뜩한 뿌리(프로테오이드 뿌리)를 갖고 있다(그림86).[46] 또 제가 알아서 인을 획득하는 습관이 있어서 인산비료를 주면 거꾸로 시들어

버리는 이상한 녀석이다. 하와이의 화산재토양은 인산이 잘 녹아내리지 않는 문제가 있지만, 흙 속에는 다량의 인이 잠들어 있다. 마카다미아 뿌리가 화산재토양의 인을 '채굴'하여 열매의 대량생산이 가능해진 것이다.

언제나 여름인 자바섬이나 하와이섬의 토양에서는 반응성이 부족한 카올린점토가 많다. 이에 반해 일본의 구로보쿠토에서는 반응성이 높은 앨러페인이라는 점토가 많다(그림18, 44쪽). 빨리 성장해서 안정된 점토(카올린)가 되기를 모두가 바란다. 장본인(앨러페인)은 '어른이 되고 싶지 않다'라며 거부하는 것치고는 어른 몫으로 민폐를 끼친다(인산이온을 흡착한다). 이 차이 때문에 일본의 구로보쿠토는 불량 토양으로 여겨져 왔다.

일반적으로는 부식이 부족한 열대토양보다 검은 흙이 비옥하지만, 화산재토양만큼은 일본의 구로보쿠토가 이용하기 어렵다. 유명한 시인이자 동화작가인 미야자와 겐지(1896-1933)가 농학교 교사로 재직하던 시절 도호쿠지방의 화산재토양 개량에 애썼던 이유이다. 그 싸움은 지금도 계속되고 있다.

인을 채굴하는 특별한 능력을 갖춘 작물이 많지 않은 가운데 구세주가 되어온 것이 메밀이다. 마카다미아와 마찬가지로 메밀은 뿌리로부터 유기산(옥살산)을 방출해 알루미늄이나 철을 녹여내고 인산을 흡수할 수 있다. 유기산은 해로운 알루미늄이온을 해독하는 작용도 한다. 이 특성으로 인해 풍미가 풍부한 메밀은 홋카이도나 도

그림87 구로보쿠토 속에서 1m나 자라는 오쓰카당근(야마나시현 니시야쓰시로, 미타마온천 놋푸이관 제공). '놋푸이'는 구로보쿠토의 지역 명칭이다.

호쿠, 신슈 지방의 구로보쿠토 지대의 특산물이 되었다. 인 광석 자원이 고갈되었을 때도 메밀은 비장의 카드가 될 가능성을 내포하고 있다.

인을 채굴하는 능력이 높지 않은 재배식물 중에서도 고원 야채, 감자, 고구마, 곤약, 백합근 재배같이 배수성과 통기성이 좋은 구로보쿠토의 장점을 살린 농업이 창출되고 있다. 종횡으로 쑥쑥 자라는 네리마무나 오쓰카당근은 푸석푸석한 구로보쿠토에 적응한 사례이다(그림87). 각지의 구로보쿠토의 성질에 맞는 작물을 찾아내는 시행착오 끝에 최적화된 농업이 생겨났다. 문제는 그 농업 기술이나 문화를 유지하기가 어려워지고 있다는 것이다.

논흙의 불가사의

뒷산의 젊은 토양, 대지의 구로보쿠토와 더불어 중요한 일본의 토양이 논토양이다. 늘 그러하듯 벼 이삭이 여무는 논 풍경을 보면 비옥하다고밖에 느껴지지 않는다. 그러나 비가 많으면 흙이 산성이 되기 쉬운 점은 젊은 토양과 같고 화산재에서 만들어진 점토가 인을 흡착하는 힘이 강한 점은 구로보쿠토와 다르지 않다. 일본의 논흙은 정말 비옥한 걸까?

산사태나 홍수로 인해 새로운 토사가 퇴적하는 선상지(부채꼴 퇴적지)나 충적평야의 토양(충적토)은 분류하자면 미숙토이다. 일본인들은 재해를 무수히 겪으면서도 그 위에 논을 계속 만들어왔다. 이는 농사를 지을 수 없는 땅을 고른 핀란드인들도 놀랄 만한 선택이었다.

일본사를 다시 보면 시대를 불문하고 논을 꾸준히 늘려온 행보였다고 할 수 있다. 역사상 그 이름을 남긴 무장들의 상당수는 무논 조성이라는 토목사업의 리더이기도 했다. 현재 일본에서 묵은 논이나

콩으로의 전작이 증가하는 것과는 정반대의 원리가 작용해왔다.

2천 년에 걸쳐 일본인들이 미숙토를 경작해온 이유는 무엇일까? 거기에는 상응하는 이점이 있다.

우선 산성토양 문제인데, 관개수를 들여 넣으면 칼슘 같은 영양분이 보급된다(그림88). 그러면 점토에 붙어 있던 산성 물질(수소이온이나 알루미늄이온)이 중화되어 흙이 중성이 된다. 물이 채워지면 인 문제도 해결된다. 물을 채운 흙 속은 환원 상태(혐기적. 하수구 냄새가 나는 상태)가 되고 산화철점토가 물에 녹아 흙은 청회색(Fe^{2+}이온의

색)을 띤다. 철이 녹았다는 증거이다. 그러면 산화철점토에 붙잡혀 있던 인산이온이 해방된다. 벼는 이를 흡수해 인 부족 없이 자랄 수 있다. 일본의 흙이 안고 있는 두 가지 문제가 논토양에서는 없어지는 것이다.

그 밖에 논 벼농사에는 밭농사에 없는 매력이 있다. 연작장해가 없는 것이다. 논에 물을 댔다 뺐다 하는 과정을 반복함으로써 토양 속 병원균이 기승을 부리는 것을 방지할 수 있다. 잡초도 밭보다 적다. 좋은 점만 있으니 전 세계에서 논농사를 하면 좋겠지만 논 대부분이 아시아에 집중되어 있다. 그 이유는 풍부한 물과 관련이 있다.

내 고향인 도야마현 다테야마 마을은 대설 지역이다. 겨울에는 하루에도 몇 번씩 눈을 치우지 않으면 현관이 파묻혀버린다. 부지런히 눈을 치우는 어머니의 뒷모습을 보며 나는 설국에서 살아가는 의미에 의문을 품곤 했다. 게다가 어머니는 허리가 아프다고 하면서도 '눈이 오지 않으면 허전하다'고 하셨다. 수수께끼는 더 깊어질 뿐이었다. 사실 그런 것을 생각하기 전에 눈 치우는 것부터 도와야 했을 것이다. 어쨌든 왜 이런 고생을 하면서까지 설국에 살아갈까? 그 수수께끼는 가을이 되면 조금 풀린다. 풍부한 양의 눈 녹은 물이 논 흙을 적셔 황금빛 결실로 이어진다. 충분한 강수량이 일본을 '벼 이삭의 나라'로 만드는 것이다.

필요한 수량의 계산

1필지의 논(단순화해서 1 ha, 100m × 100m)에 물을 채우기만 하는 것이라면 수량이 10cm 정도만 있으면 충분하다. 그러나 물은 흙에 스며든다. 그리고 무엇보다 벼가 물을 흡수한다(증산). 수량을 똑같이 유지하려면 연간 3,000만 리터의 물이 필요한데, 이는 빗물 3,000mm와 맞먹는다.

일본의 평균 강수량은 1,500mm라서 빗물만으로는 3,000mm를 채울 수 없다. 게다가 벼농사에 필요할 때에 비가 오는 게 아니라 태풍이나 눈으로 변덕스럽게 내린다. 산에서 흘러 내려오는 강물의 공급이 없으면 안정적으로 물을 확보할 수 없다. 대설 지역의 경우, 눈을 치운 만큼 논에 댈 풍부한 물이 보장된다. 허리 통증을 대가로 여름에 필요한 물을 확보하게 되는 셈이다.

그렇다면 큰 하천이 없는 교토부 북부 산간의 계단식 논을 살펴보자. 대규모의 농업용수가 없는 조건에서는 계단식 논을 에워싼 너도밤나무숲으로부터 흘러 내려오는 계곡물이나 샘물에 의해 재배 가능한 논의 면적이 정해진다(그림89). 수원림에 내리는 비가 적으면 물이 부족할 위험이 있다.

계산해보자. 연 강수량 1,500mm 중 절반인 750mm가 증발이나 식물 증산에 소비된다. 그럼 남은 750mm의 빗물이 산에서 내려온다. 수원인 너도밤나무숲이 100ha 있다면 7.5억 리터의 물이 공급된다.

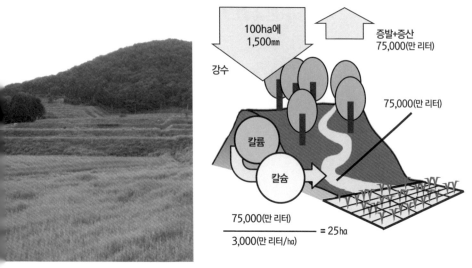

그림89 낮은 산인 너도밤나무숲을 수원으로 하는 계단식 논(교토부 미야즈시)과 물의 순환

1필지의 논에는 3,000만 리터가 필요하므로 25필지의 논을 경작할 수 있다.

　논 1필지의 쌀 수확량을 5t(현재)이라고 하면 25필지에서는 125t 의 쌀 수확을 기대할 수 있다. 1년 동안 한 사람이 250kg의 쌀을 소비했다고 가정하면 그 마을은 500명의 인구를 먹일 수 있다. 물론 이는 물뿐 아니라 비료와 농약도 충분히 있을 때 가능하다.

　강수량이 1,000mm라면 부양할 수 있는 인구는 200명 정도가 줄어든다. 만약 에도시대처럼 비료와 농약이 없었다면 1필지의 논에서 수확량은 1t, 부양 가능한 인구도 100명까지 떨어진다. 대략적인 계산이지만 흙과 물은 그만큼 결정적인 의미를 지니며 우리는 그것에 크게 의존한다.

미야자와 겐지는 농학교 교사 시절 농민들에게 이런 계산을 암산할 것을 요구했다. 물론 쉽지 않은 일이지만 질소비료를 너무 많이 주면 벼가 쓰러지고 비료를 살 돈이 낭비되므로, 겐지의 요구도 수긍이 간다. 현재 일본의 논이 안고 있는 문제와도 공통점이 있다.

중산간 지대의 묵은 논이나 콩으로의 전작이 증가하는 요인은 쌀 소비량이 줄어들고 일손이 부족한 탓도 있지만, 농작물 값보다 비료 가격이 더 급등하는 것도 한 원인이다. 화학비료를 뿌리는 양을 최적화하라는 겐지의 숙제를 풀면 농가의 부담을 줄일 수 있을 것이다.

SATOYAMA(마을 숲)에서 하는 일

일본에 '벼는 지력(地力)으로 짓고 보리는 비료로 짓는다'라는 말이 있다. 지력이란 화학비료가 아니라 흙 자체가 지닌 양분 공급력을 말하는 것으로, '벼는 흙에 원래 들어 있는 영양분으로도 자라지만 보리는 비료 없이 자라지 못한다'라는 뜻이다. 그렇다고 해서 벼 농사를 할 때 아무것도 하지 않아도 된다는 뜻은 아니다.

일본의 옛이야기인 〈모모타로〉에는 "할아버지는 산에 나무하러, 할머니는 강에 빨래하러" 간다는 내용이 나온다. 이를 학술적으로

말하자면 '마을 숲의 자원 이용'이라 할 수 있다. 이는 전문가가 모이는 국제학회에서라면 SATOYAMA(마을 숲)로 통하는 일본인의 근면성을 나타내는 말이다. 섶을 베어 모은 풀잎이나 잔가지들은 연료로 쓰기도 하고 논흙에 섞어 퇴비로 만들기도 했다. 화학비료를 쓸 수 있는 오늘날 일본에서는 잊히고 있지만, 산의 풍부한 자원을 활용하면 화학비료의 부담을 줄일 수 있을지도 모른다.

일본의 벼농사에서 물을 이용하는 구조는 예술적이다. 나는 두 차례에 걸쳐 실패한 주제넘은 재배시험은 그만두고 농부가 일하는 모습을 관찰하기로 했다. 도야마 태생에 사투리를 쓸 줄 아는 이점을 최대한 살려 교섭에 나섰다.

"논 한쪽 끝자리 좀 빌리면 안 될까요?"

"얼마든지 가능하지."

교섭이 성립되었다.

농부는 아침저녁으로 논 수량을 조절했다. 상자 정원처럼 정연하게 둘러싸인 관개 시스템은 산에서 흘러 내려오는 물과 영양분을 흙에 보급한다. 산간의 논은 계곡물을 직접 끌어들이고 있는데, 이 물은 인근 $1ha$의 삼나무숲으로부터 $0.1ha$의 논으로 흘러든다. 계곡물을 통해서 논에 공급되는 칼륨 양을 측정해보니 $6kg$(재배기간 중)이나 된다. 이는 농협이 권장하는 표준 시비량에 가깝다. 산에서 내려오는 천연비료를 예측해서 인간이 뿌리는 비료의 양을 다소 줄여도 된다는 것을 입증할 수 있었다.

참고로 학생시절에 뒷산에서 구한 흙의 연간 풍화 속도는 $0.1mm$ 이고, 그로 인해 방출되는 칼륨양은 $10kg$이었다. 논에 공급되는 $6kg$ 과 가깝다. 뒷산 흙의 성분에 관한 기초연구는 논에 주는 양분 공급량을 어림잡는 응용연구이기도 했다. 생물 활동과 암석의 풍화가 활발한 뒷산은 산 아래 인간 활동까지 뒷받침하고 있었다.

화학비료가 없던 시대에는 계곡수의 혜택만으로는 부족해서 삼나무 침엽이나 잔가지를 섞어 땅을 일구었다. 삼나무 나뭇가지에는 칼슘이 풍부하게 들어 있다. 모모타로 할아버지의 나무하기는 흙을 비옥하게 유지한다는 의의도 있었다.

뒷산에서 흘러 내려오는 계곡수는 비만 오면 된장국처럼 탁해져 흙 입자가 그대로 논으로 흘러 들어간다. 숲에서 흘러 내려오는 토양입자에 붙어 있는 부식은 볏짚보다 더 분해되기 어렵다. 논 부식량을 유지하는 데 한몫하고 있다. 숲의 처지에서 보면 나무하기와 토사 유출도 숲의 양분손실이라며 떠들썩하겠지만, 국토 전체로 봤을 때는 손익계산이 제로다.

상류로부터 흘러나온 물이나 양분을 바다로 흘려보내기 전에 회수하는 구조가 논에는 있다. 위에서 흘러 내려온 것을 그대로 흘려보냈다면 벼농사도 모모타로 이야기도 시작되지 않았을 것이다.

논을 채운 물에서 헤엄치는 올챙이나 소금쟁이 옆에는 남조류도 무심히 떠 있다(그림90). 비료의 절반에 가까운 질소를 대기 중으로부터 고정해 논을 비옥하게 만들어준다. 일본 벼농사의 행보는 지난

그림90 논에 떠 있는 남조류. 질소가스를 비료로 바꾸는 힘이 있다.

수천 년간 마을 숲의 양분 공급력에 의지해왔으며 화학비료에 의존하기 시작한 것은 불과 전후(1945년 이후_역주)의 일이다. 다양한 생태계의 연결, 생물 결속을 활용하면 농가의 큰 부담이 되는 비료값 폭등에 대처할 수 있다.

논 벼농사에 실패한 보르네오섬과 일본의 차이는 산에서 오는 하천수의 칼슘과 규소량이다. 일본에서는 산흙을 통과한 물은 규소를

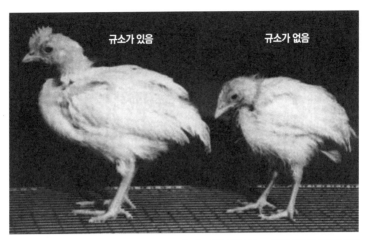

그림91 규소를 함유한 모이를 먹은 닭(왼쪽)은 규소를 뺀 모이를 먹은 닭(오른쪽)보다 발육이 좋다고 한다
(Carlisle et al., 1972).[47]

많이 함유하고 있어 벼를 질병에 강하게 만들어준다. 벼에 한정하지
않고, 규소의 유무에 따라 닭 성장이 크게 달라진다는 사례도 보고
된다(그림91).

　규소는 필수 양분은 아니지만, 뼈를 만드는 활동을 촉진하는 역
할을 한다. 일본인의 머리카락에는 규소가 고농도로 포함되어 있기
에,[48] 규소 섭취량은 충분한 듯하다. 녹기 쉬운 규소를 풍부하게 함
유한 화산재토양이나 미숙토가 풍화한 덕분이다. 규소는 인도네시
아 보르네오섬 사람들이 얻고 싶어도 구할 수 없었던 것이다. 보르
네오섬에서 여물지 않는 벼를 보고 내가 얼마나 풍요로운 땅에 자
랐는지 실감할 수 있었다(그림78, 189쪽). 흙을 매일 다루고 있는 나도

일본 흙의 고마움을 충분히 인식하지 못하고 있었다.

규소가 부족하기 쉬운 지역에서는 보리·맥주가 성인의 규소 섭취량의 20%를 담당하고, '맥주 3잔이면 의사 필요 없다'라는 캠페인도 벌어진다.[49] 일본인은 맥주를 마시지 않아도 규소가 충분하지만 밤의 번화가에는 이 캠페인에 편승하는 사람들도 많다.

일본 흙도 대단하다

건조지인 체르노젬의 관개농업, 오스트레일리아의 사막토에서는 물이 결핍되기 쉽다. 인도네시아의 열대우림에는 물은 있으나 인이 부족하기 쉽다. 물과 인 중 한 쪽이 모자란다. 일본의 토양에는 잠재적으로 이 두 가지가 모두 갖추어져 있다.

현 상황에서는 구로보쿠토에 잠자고 있는 인을 끄집어내는 것보다 인 광석으로 만든 인산비료를 뿌리는 편이 비용이 적게 든다. 계단식 논에서 벼를 짓는 것보다 벼를 수입하는 게 빠르다.

그러나 세계 인구가 100억 명에 돌입하고 물이나 인산자원의 공급이 불안정한 시대가 닥쳐오고 있다. 인산비료가 비싸지면 대량의 인이 잠자고 있는 구로보쿠토는 이익을 가져다줄 흙이 될 가능성이 있다. 풍부한 물은 흙을 산성화시키는 문제를 품고 있지만, 이는 석회비료를 뿌리면 개량할 수 있다. 석회비료의 보급은 비료회사의 영업사원이었던 미야자와 겐지의 염원이기도 했다. 광물 자원이 부족한 일본에서 석회암만큼은 자급할 수 있다. 물과 인과 석회도 있는 구로보쿠토의 미래는 보기보다 어둡지 않다.

일본은 국내총생산(GDP)이 제자리걸음을 하는데 경작 포기농지만은 순조롭게 증가하고 있는 나라이다. 특히 일본에서 가장 비옥한 충적토는 동시에 공업입지나 거주지로도 인기 높은 곳으로, 도시화에 계속 휩쓸리고 있다. 농지로 다시 이용하려면 토양오염을 복구하느라 수백억 엔이 든다는 이야기를 듣고 비로소 중대한 사안임을 깨닫는다. 현재 사라져가고 있는 농지토양의 능력을 유지하는 것은 공세적인 농업이라는 말만큼 화려하지는 않을지도 모른다. 그렇더라도 원래 필요하지 않았을 토양복구에 대한 세금투입을 아낄 수 있고 잠재적으로 국제 경쟁력이 높은 산업을 갖게 될 수도 있다. 비옥한 흙은 우리 발밑에도 있다.

버추얼 소일

도시 인구가 증가한 일본에서는 흙을 접하거나 경작할 기회가 줄어들었다. 그러나 12종류의 흙은 겉으로 드러나지 않는 곳에서 여러 가지 형태로 바뀌어 우리 생활과 연관을 맺고 있다. 이를 '버추얼 소일(virtual soil)'이라고 명명하고 싶다.

버추얼 워터(가상수)라는 개념이 있다. 식료품을 수입하는 것은 그 식품의 생산과 이동에 필요한 물도 소비한다는 뜻이다. 흙과 물은 함께 그 소중함이 자주 언급되곤 하지만 직접 먹지 않는 흙 쪽이 설득력이 부족하다. 버추얼 워터에 대응하는 의미를 담은 '버추얼 소일'의 지향점은 '식량을 수입하는 것은 흙의 영양분까지 수입하는 것이다'라든가 '모르는 사이에 흙을 노화시키고 있다'라든가 '흙을 소중히 하자'라는 계몽만을 목적으로 하지 않는다.

그 이전에 흙과 우리들의 보이지 않는 연관성을 찾아내는 데 있다. 자기가 어떤 흙에 살고 있는지 이해함으로써 자신의 몸을 보호할 수도 있다.

추상적인 말 대신 구체적인 식사나 건강과의 관계부터 살펴보자. 우리 식탁에 놓이는 음식의 95%는 통계적으로 흙에서 유래한다.[50] 다만 먹고 있는 것은 흙 자체가 아니라 식물을 거친 것이다. 식물은 움직이지 못하기에 영양균형이 흙의 양분 공급력에 크게 좌우된다.

12종류 토양의 양분 공급력을 비교하면 영양분의 과부족이 없는 것은 체르노젬과 일부 점토집적토양 정도이다. 알칼리성을 띠는 사막토나 균열점토질토양 일부에서는 철이 잘 녹아 나오지 않는다. 철이 적은 식물을 계속 섭취하면 빈혈이 생길 위험이 커진다. 철 부족은 일본에서는 걱정 없겠지만 석회비료를 너무 많이 준 밭흙이나 하우스 재배에 사용되는 흙에서는 같은 위험이 생긴다. 노지 재배와 하우스 재배의 농산물, 채소와 육류·생선 등을 균형 있게 섭취하는 것의 의의는 영양사뿐만 아니라 흙도 지지한다.

화학비료가 없던 시절, 옥시졸 지역에서는 칼슘, 인의 결핍으로 인해 골절 위험이 높았다고 한다.[42] 포드졸이나 이탄토가 많은 핀란드, 중국 내륙부에는 토양에 셀레늄이라고 하는 미량원소의 결핍으로 인해 심장이 쇠약해지는 풍토병(케샨병)이 있다.[51][52] 일본에서는 화산재토양이나 젊은 토양이나 미숙토도 원래 모두 산성이다. 칼슘이나 나트륨은 건조지 토양보다 적다. 그래도 흙으로 인한 명백한 결핍증은 보고되지 않았다. 흙의 부족한 영양분을 보충하는 비료 덕분이다.

그러나 마냥 기뻐할 수도 없다. 흙이 풍족하다고 해서 반드시 건강과 직결되는 것은 아니다. 한 지역 토양의 농산물만 계속 먹으면 영양소가 치우칠 위험이 있는 반면, 여러 지역 토양에 유래하는 농산물들이 모이는 도시에서는 보통 음식에 신경 쓰지 않기 때문에 건강하지 못한 사람이 많다고 한다.[53] 슈퍼마켓에서 여러 산지의 식자재를 고르는 것이 자신의 건강에도 좋고, 산지를 응원하는 방법이기도 하다.

화성의 레골리스(Regolith, 암석을 덮고 있는 불균일하고 퍼석퍼석한 층)에는 유해 중금속인 크롬이 고농도로 들어 있는데 지구에서는 크롬이 땅속 깊이 가라앉아 있다.[54] 지구의 크롬은 인위적인 토양오염의 위험요소가 되기도 한다. 광산에서 유출된 카드뮴이 이타이이타이병을 일으킨 것이 그 예다.

또 상류에서 유출된 양분을 보충하는 논과 충적토(미숙토)의 강점이 약점으로 바뀌기도 한다. 약점을 강점으로 바꿀 수 있을지 그 반대로 나아갈지는 사회 전체의 지식 유무에 따라 크게 달라진다. 자신의 생활과 12종류 흙의 연관을 인식하는 것은 자신의 음식과 건강을 지키는 첫걸음이다.

흙이 풍부한 행성, 흙이 풍부한 일본

평범한 일본인이 흙과 어떤 관계를 맺고 있는지 생각해보자(그림 92). 아침 식사로 '체르노젬'에서 수확한 밀가루로 만든 빵에 북유럽의 '포드졸'에서 자란 블루베리 잼, 그리고 '점토집적토양'의 사료로 키운 소에서 나는 우유를 먹는다. 점심에는 아시아 열대우림과 '강풍화된 적황색토'가 키운 향신료(강황)를 듬뿍 넣은 카레라이스와 '화산재토양'에서 재배한 채소 샐러드를 먹는다. 간식은 다코야키에 '사막토'에서 난 대추야자를 재료로 만든 소스를 끼얹어 맛본다. 저녁 식사는 '미숙토'에서 수확한 쌀과 황사('젊은 토양')를 먹고 자란 태평양 참치 회다. 시베리아의 '영구동토' 지대에서 밀어닥치는 동장군에 떨면서 '균열점토질토양'에서 생산된 면을 '이탄토' 화석인 석회로 파랗게 물들인 청바지를 입고 석회로 발전시킨 전기난로에 몸을 덥힌다. 그리고 '옥시졸'을 원료로 한 스마트폰을 소중히

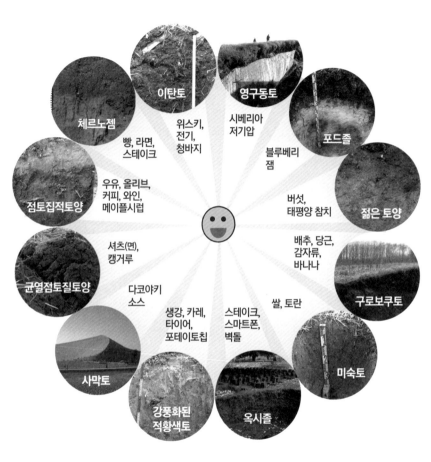

그림92 버추얼 소일. 다양한 흙과 이어져 있다.

움켜쥐고 있다.

사람만큼 자원으로서 흙을 다종다양하게 이용하는 동물은 없다. 어떤 흙은 칼로리를 기준으로 하면 미미해 보이지만 대체 불가능한 서비스를 제공해주기도 한다. 또 '범죄를 낳는 토양'은 존재하지 않으며 흙은 범죄를 만들어내지 않는다. 흙이 만들어내는 것은 음식과 생명이다.

일본인은 역시 일본의 화산재토양이나 미숙토와 밀접한 연관을 맺으며 그 혜택을 누리고 있다. 낮은 식량자급률과 감소하는 농지면적, 농업 일손 부족이라는 어두운 소식에 가려져 잊기 쉽지만, 일본은 농업 대국이 될 만한 비옥한 흙을 지니고 있다. 우리는 국토를 위험에 빠뜨리는 외국의 위협에는 민감할 수 있지만, 그 국'토'가 황폐해지고 있다는 사실에는 둔감할 때가 많다. 흙이 발달하려면 수천 년이 걸린다거나 오염된 토양을 복구하는 데 수백억 엔이 든다는 사실에 아연실색하기 전에, 예방하는 것이 가능하다.

일부러 지금부터 밭에 나가 흙 다지기를 하지 않아도 되고 삽을 들고 12종류의 흙을 찾아 여행을 떠날 필요도 없다. 그래도 토양이 풍부한 행성, 그리고 토양이 풍부한 나라에서 자란 인간으로서 그저 지금 이 자리에 여느 때처럼 구로보쿠토가 있는 사실에 고마움을 간직하는 것만으로도 좋다. 흙과 관련을 맺은 소수파로서 지구 흙, 일본 흙의 가치를 발신하는 책무의 한끝을 다하고 싶다. 1,800엔의 시든 배추를 사지 않아도 되는 생활을 지키기 위해서 말이다.

지구의 흙도 노력하고 있다.

보신을 위해 말하자면 이 책은 NASA나 화성의 농업을 위한 연구를 부정하는 것이 아니다. NASA는 미답의 황야에 도전하는 선구자이자 말 그대로 '구름 위'의 존재이다. 한편으로 발밑의 소우주에도 여전히 많은 수수께끼가 숨어 있다. 100억 명을 부양할 힌트 대부분이 우리 발밑에 고스란히 묻혀 있다. 흙의 원리는 베란다에서 키우는 작은 화분이나 텃밭에서 힌트를 얻어 발견되기도 한다. 지구 최후의 수수께끼에 도전하는 데는 자격이 따로 없으며 공원의 모래밭이나 베란다의 화분에서부터 모험이 시작된다.

아쉽게도 요즘에는 집에서나 학교에서나 흙장난을 배울 기회가 많지 않다. 토양 오염이 심한 데다 잘못된 인식이 만연하고, 커리큘럼에 없으면 흙을 가르칠 수조차 없는 학교 교육에 나는 답답함을 자주 느끼곤 한다. 반면, 나 같은 흙 연구자들이 지식을 찾는 사람들에게 부응하지 못했던 게 아닐까 반성하기도 한다. 이 책이 흙에 관한 지식을 보급하는 데 조금이라도 도움이 되기를 바란다.

이 책에서는 흙을 찾아다니는 여행 속에 흙에 관한 기본지식을 가능한 한 녹여내려고 애썼다. 다만 흙은 명칭이나 지식을 아는 것보다 사용법, 경작법을 알아두는 것이 생산적이다. 그런 점에서 이 책에는 원예나 경작에 도움이 될 만한 정보가 없음을 죄송하게 생각한다. '벼에 대해서는 벼에게 물어보고 농사는 농민에게 물어봐라'(요코이 도키요시, 근대의 일본 농학자로 1927년 사망_역주)라는 말이 있다. 이 책에 쓴 내용 대부분도 세계 각지의 농민들에게 취재해서 배운 것이다. 흙에 관한 것은 흙에게 물었다. 세계의 흙은 서로 연결되어 있음을 알아준다면 좋겠다.

내 전문 분야는 '토양학'이다. 연구 대상이 수수한 데다 나 스스로 무엇을 어필하는 일에 자신이 없다. '뒷산 흙의 성분'을 연구하는 젊은이에게는 스폰서가 필요하다. 연구비가 떨어져 이러지도 저러지도 못하는 상황에서 전화했을 때 내가 말하기도 전에 "얼마나 부족한가?" 하며 받아주신 은사인 교토대학 고사키 다카시 명예교수님(현 아이치대학 교수)께는 뭐라고 감사의 말을 드려야 할지 모르겠다. 교수님은 머잖아 국제토양과학연합 회장으로 '국제토양의 10년(2015~2025년)' 리더를 맡는다. "선생님은 언제 전화가 걸려 와도 좋도록 미리 준비하고 계셨다"라는 비서의 이야기에 삽을 든 내 손에 힘이 들어갔다.

수많은 산속에서 또는 연구의 드넓은 바다에서 길을 잃으면서도 앞으로 나아갈 수 있었던 것은 교토대학의 후나카와 신야 교수님의 지도에 힘입은 바가 크다. 즐겁게 앞서 나아가는 뒷모습을 보며 나도 계속 용기를 얻었다. 교토대학 토양학연구실을 비롯해 삼림종합연구소의 선배, 동료 여러분의 지원에 감사드린다. 교토대학의 규마 가즈타케 명예교수님은 이 책을 읽고 귀중한 조언을 해주셨다.

이 책은 미국농무성의 토양분류 'Soil Taxonomy'에 근거해 12종류의 토양으로 추렸다.[11] 영구동토는 젤리졸, 이탄토는 히스토졸, 포드졸은 스포도졸, 미숙토는 엔티졸, 젊은 토양은 인셉티졸, 구로보쿠토는 안디졸, 체르노젬은 몰리졸, 균열점토질토양은 버티졸, 사막토는 아리디졸, 강풍화된 적황색토양은 울티졸, 점토집적토양은 알피졸이라는 분류와 같다. 옥시졸은 옥시졸 그대로이다. 떠올리기 쉽도록 학술적인 표현을 피하고자 했음을 양해해주기 바란다.

편집을 맡아준 히로세 유키 씨, 집필 계기를 마련해준 고가와 유야 씨에게는 많은 조언과 격려를 받았다. 흙이라는 수수한 주제의 책을 출판할 용기와 졸필에 마주해주신 끈기에 감사드린다.

인용문헌

1. Wamelink et al. 2014. Can plants grow on Mars and the Moon: A growth experiment on Mars and Moon soil simulants. PLOS ONE 9(8): e103138.

2. '화성 흙'으로 지렁이 번식에 성공, NASA가 제공한 화성 모방 토양. 내셔널 지오그래픽, 2017년 12월.

3. 小学校学習指導要領(平成10年12月) 第2章 各教科 第4節 理科

4. Science. 2004年 304(5677)卷.

5. Carrier 1973. Lunar soil grain size distribution. The moon 6, 250-263.

6. Baker 2001. Water and the Martian landscape. Nature 412, 228-236.

7. Morris et al. 2006. Mösbauer mineralogy of rock, soil, and dust at Gusev crater, Mars: Spirit's journey through weakly altered olivine basalt on the plains and pervasively altered basalt in the Columbia Hills. Journal of Geophysical Research: Planets 111.E2

8. D'Onofrio, et al. 2010. Siderophores from neighboring organisms promote the growth of uncultured bacteria. Chemistry & Biology 17, 254-264.

9. Klein et al. 1976. The Viking biological investigation: preliminary results. Science 194, 99-105.

10. ロシアのチェルノーゼム, 翻譯グループ 訳, 2018. ドクチャエフ 著, Russkii Chernozem.

11. Soil survey staff. 2014. Keys to Soil Taxonomy, 12th ed. USDA-Natural Resources Conservation Service, Washington, DC.

12. Shinjo et al. 2006. Carbon dioxide emission derived from soil organic matter decomposition and root respiration in Japanese forests under different ecological conditions. Soil Science and Plant Nutrition 52, 233-242.

13. Von Uexkül & Mutert 1995. Global extent, development and economic impact of acid

soils. Plant and Soil 171, 1-15.

14. Fujii et al. 2008. Contribution of different proton sources to pedogenetic soil acidification in forested ecosystems in Japan. Geoderma 144, 478-490.

15. Brown et al. 1997. Circum-Arctic map of permafrost and ground-ice conditions. U.S. Geological Survey in Cooperation with the Circum-Pacific Council for Energy and Mineral Resources. Circum-Pacific Map Series CP-45, scale 1:10,000,000, 1 sheet.

16. Hickin et al. 2015. Pattern and chronology of glacial Lake Peace shorelines and implications for isostacy and ice - sheet configuration in northeastern British Columbia, Canada. Boreas 44, 288-304.

17. Fujii et al. 2017. Acidification and buffering mechanisms of tropical sandy soil in northeast Thailand. Soil and Tillage Research 165, 80-87.

18. Fujii et al. 2010. Biodegradation of low molecular weight organic compounds and their contribution to heterotrophic soil respiration in three Japanese forest soils. Plant and Soil 334, 475-489.

19. Darwin 1846. An account of the fine dust which often falls on vessels in the Atlantic Ocean. Quarterly Journal of the Geological Society (London) 2, 26-30.

20. 成瀬敏郎,「第四紀の風成塵・レスについて」,『第四紀研究』53, 75-93. 2004年.

21. Slessarev et al. 2016. Water balance creates a threshold in soil pH Water balance creates a threshold in soil pH. Nature 540, 567-569.

22. Reichman & Smith 1990. Burrows and burrowing behavior by mammals. Current mammalogy 2, 197-244.
Cox 1987. Soil translocation by pocket gophers in a Mima moundfield. Oecologia 72, 207-210.

23. Fujii et al. 2013. Importance of climate and parent material on soil formation in Saskatchewan, Canada as revealed by soil solution studies. Pedologist 57, 27-44.

24. Fujii et al. 2010. Acidification of tropical forest soils derived from serpentine and sedimentary rocks in East Kalimantan, Indonesia. Geoderma 163, 119-126.

25. Wich et al. 2006. Forest fruit production is higher on Sumatra than on Borneo. PLOS ONE 6(6): e21278.

26. 今井秀夫,「熱帯における野菜栽培について」,『熱帯農業』42, 200-208. 1998年.

27. Lal 2004. Soil carbon sequestration impacts on global climate change and food security. Science 304, 1623-1627.

28. Fujii et al. 2018. Sorption reduces the biodegradation rates of multivalent organic acids in volcanic soils rich in shortrange order minerals. Geoderma DOI: 10.1016/j.geoderma.2018.07.020　印刷中

29. Baritz et al. 2014. Harmonization of methods, measurements and indicators for the sustainable management and protection of soil resources. Global soil partnership Pillar 5.

30. Woolf et al. 2010. Sustainable biochar to mitigate global climate change. Nature Communications 1, 56.

31. Blum et al. 2004. Soils for sustaining global food production. Journal of Food Science 69.

32. 鬼頭宏,『人口から読む日本の歴史』, 講談社 2000年.

33. Wurster et al. 2016. Barriers and bridges: early human dispersals in equatorial SE Asia. Geological Society of London, London, Special Publications, 411, 235-250.

34. Alexandratos et al. 2012. World agriculture towards 2030/2050: the 2012 revision (Vol. 12, No. 3). FAO, Rome: ESA Working paper.

35. Smaller et al. 2009. A thirst for distant lands: Foreign investment in agricultural land and water. International Institute for Sustainable Development.

36. Godfray et al. 2010. Food security: the challenge of feeding 9 billion people. Science 1185383.

37. Donarummo et al. 2003. Possible deposit of soil dust from the 1930's US dust bowl identified in Greenland ice. Geophysical Research Letters 30.

38. Lal 2014. Societal value of soil carbon. Journal of Soil and Water Conservation 69, 186-192.

39. Ahrens et al. 2014. The evolution of scarab beetles tracks the sequential rise of angiosperms and mammals. Proceedings of the Royal Society B 281, 1470

40. Place & Meybeck 2013. Food security and sustainable resource use -what are the resource challenges to food security? Background paper for the conference on "Food Security Futures: Research Priorities for the 21st Century", 11-12 April 2013, Dublin,

Ireland. 78p.

41. 高橋英一,『肥料の来た道帰る道―環境・人口問題を考える』, 研成社, 1991年.

42. Sanchez & Buol 1975. Soils of the tropics and the world food crisis. Science 188, 598-603.

43. Abruñ-Rodríuez et al. 1982. Effect of soil acidity factors on yields and foliar composition of tropical root crops 1. Soil Science Society of America Journal 46, 1004-1007.

44. Peduzzi 2014. Sand, rarer than one thinks. Environmental Development 11, 208-218.

45. Welland 2009. Sand: the never-ending story. University of California Press

46. Lambers et al. 2008. Plant nutrient-acquisition strategies change with soil age. Trends in Ecology & Evolution 23, 95-103.

47. Carlisle et al. 1972. Silicon: an essential element for the chick. Science 178, 619-621

48. Sera et al. 2002. Quantitative analysis of untreated hair samples for monitoring human exposure to heavy metals.
Nuclear Instruments and Methods in Physics Research Section B: Beam Interactions with Materials and Atoms 189, 174-179.

49. Sripanyakorn et al. 2009. The comparative absorption of silicon from different foods and food supplements. British journal of nutrition, 102, 825-834.

50. Food and Agriculture Organization of the United Nations 2015. Healthy soils for a healthy life.

51. Gupta et al. 2002. Quality of animal and human life as affected by selenium management of soils and crops. Communications in Soil Science and Plant Analysis 33.15-18: 2537-2555.

52. Blazina et al. 2014. Terrestrial selenium distribution in China is potentially linked to monsoonal climate. Nature Communications 5, 4717.

53. Oliver et al. 1997. Soil and human health: a review. European Journal of Soil Science 48, 573-592.

54. Halliday et al. 2001. The accretion, composition and early differentiation of Mars. Space Science Reviews 96, 197-230.

발밑의 우주 흙의 신비를 풀다

수수하지만 위대한 흙 이야기

초판 1쇄 인쇄 2019년 8월 6일
초판 1쇄 발행 2019년 8월 13일

지은이 후지이 가즈미치
옮긴이 홍주영

발행인 양문형
펴낸곳 타커스
등록번호 제313-2008-31호
주소 서울시 종로구 대학로 14길 21 (혜화동) 민재빌딩 4층
전화 02-3142-2887   **팩스** 02-3142-4006
이메일 yhtak@clema.co.kr

ISBN 979-11-89497-26-2 (03450)

• 값은 뒤표지에 표기되어 있습니다.
• 제본이나 인쇄가 잘못된 책은 바꿔드립니다.

이 도서의 국립중앙도서관 출판예정도서목록(CIP)은 서지정보유통지원시스템
홈페이지(http://seoji.nl.go.kr)와 국가자료공동목록시스템(http://www.nl.go.kr/kolisnet)에서
이용하실 수 있습니다.(CIP제어번호: CIP2019028029)